爆笑萌科學 3

不可思議的 星空宇宙

太空蜘蛛、彗星捕手、黑洞義大利麵……
可愛角色帶你從太陽系飛向外太空，發現宇宙大奧祕

A Day in the Life of an Astronaut,Mars and the Distant Stars:
Space as You've Never Seen it Before

麥可・巴菲爾 Mike Barfield、潔斯・布萊德利 Jess Bradley◎著
何修瑜◎譯

目錄

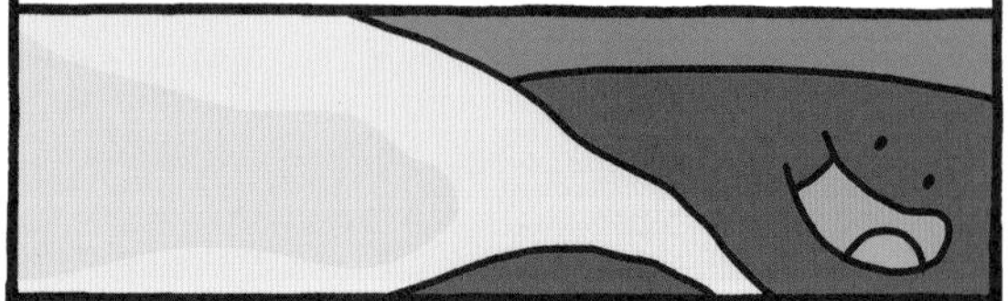

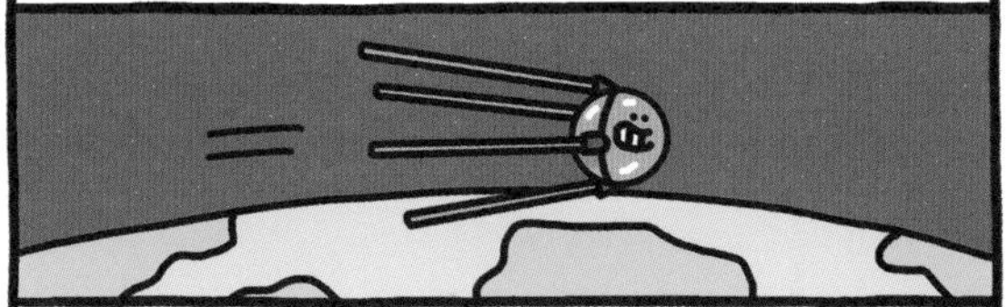

前言

歡迎來到《不可思議的星空宇宙》，這本叫人開懷大笑的入門書將帶領你遠離地球，來到外太空！

這本書分成三部分：太陽系、外太空和太空旅行。書裡的內容就像太空一樣，有很多事情值得探索，你可以在任何地方降落，開始探險。

書中「不一樣的太空生活」單元，要告訴你奧妙的太空到底哪裡奧妙；「深入太空」單元會給你許多補充資訊；此外，宇宙的英雄們會在「祕密日記」單元裡洩露機密。宇宙實在太大了，所以本書另外還安排了橫跨兩頁、妙趣橫生的「宇宙宏觀」。

全書最後的詞彙表整理出那些多如繁星的名詞，將會幫助你理解在這趟旅途中遇到和外星人一樣陌生的各種詞彙。

時間緊迫，你該出發前往太空囉！

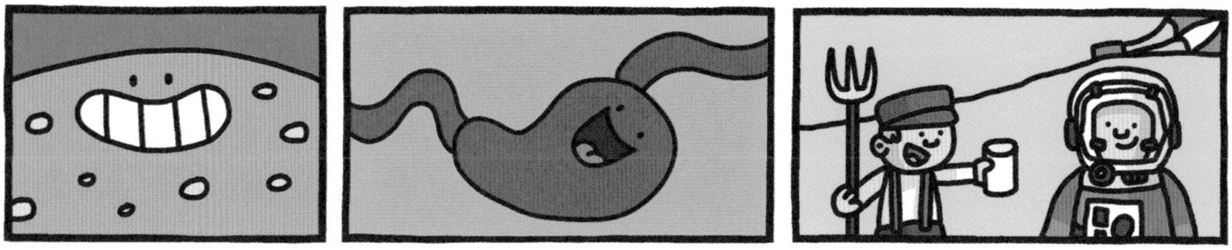

書中出現的
距離和大小
並非按比例繪製。

太陽系

如果你以為，一切都繞著離我們最近的天體——太陽——旋轉，我原諒你。在地球的太陽系裡，大部分東西都是繞著太陽轉的沒錯！從小不點水星到大巨人木星，這八個行星都繞著太陽轉，地球也一樣。

本單元為你說明這八個行星，此外還有月亮、隕石以及其他許許多多事情。

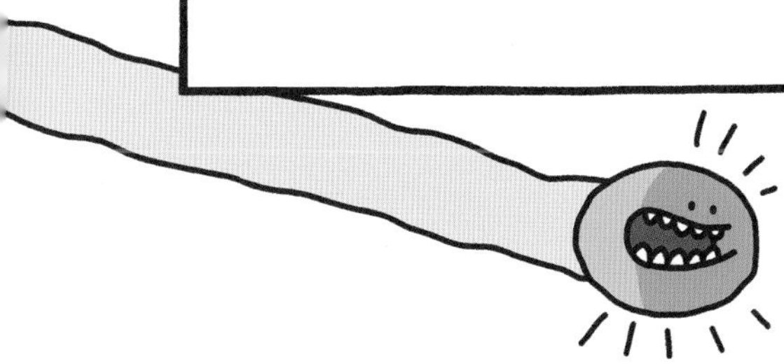

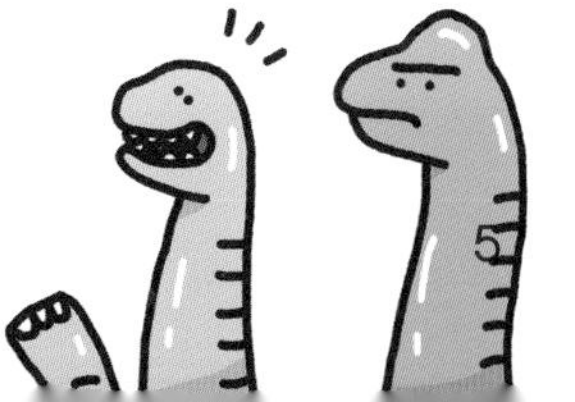

宇宙宏觀

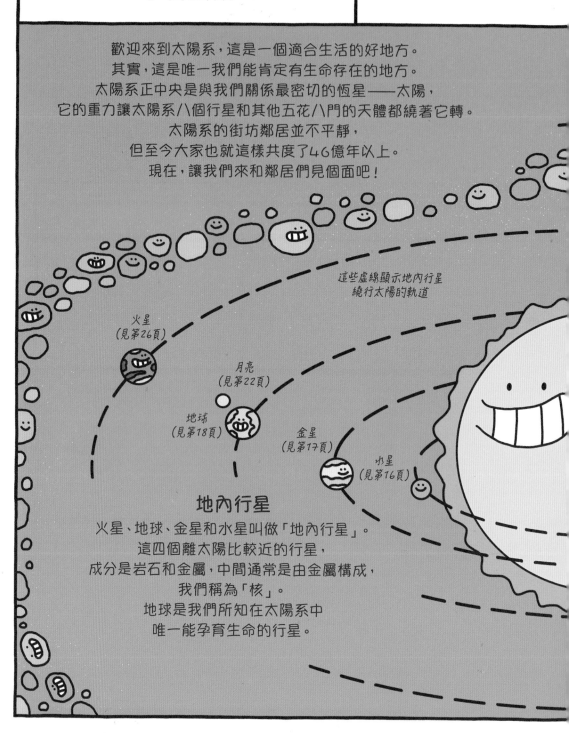

歡迎來到太陽系，這是一個適合生活的好地方。
其實，這是唯一我們能肯定有生命存在的地方。
太陽系正中央是與我們關係最密切的恆星——太陽，
它的重力讓太陽系八個行星和其他五花八門的天體都繞著它轉。
太陽系的街坊鄰居並不平靜，
但至今大家也就這樣共度了46億年以上。
現在，讓我們來和鄰居們見個面吧！

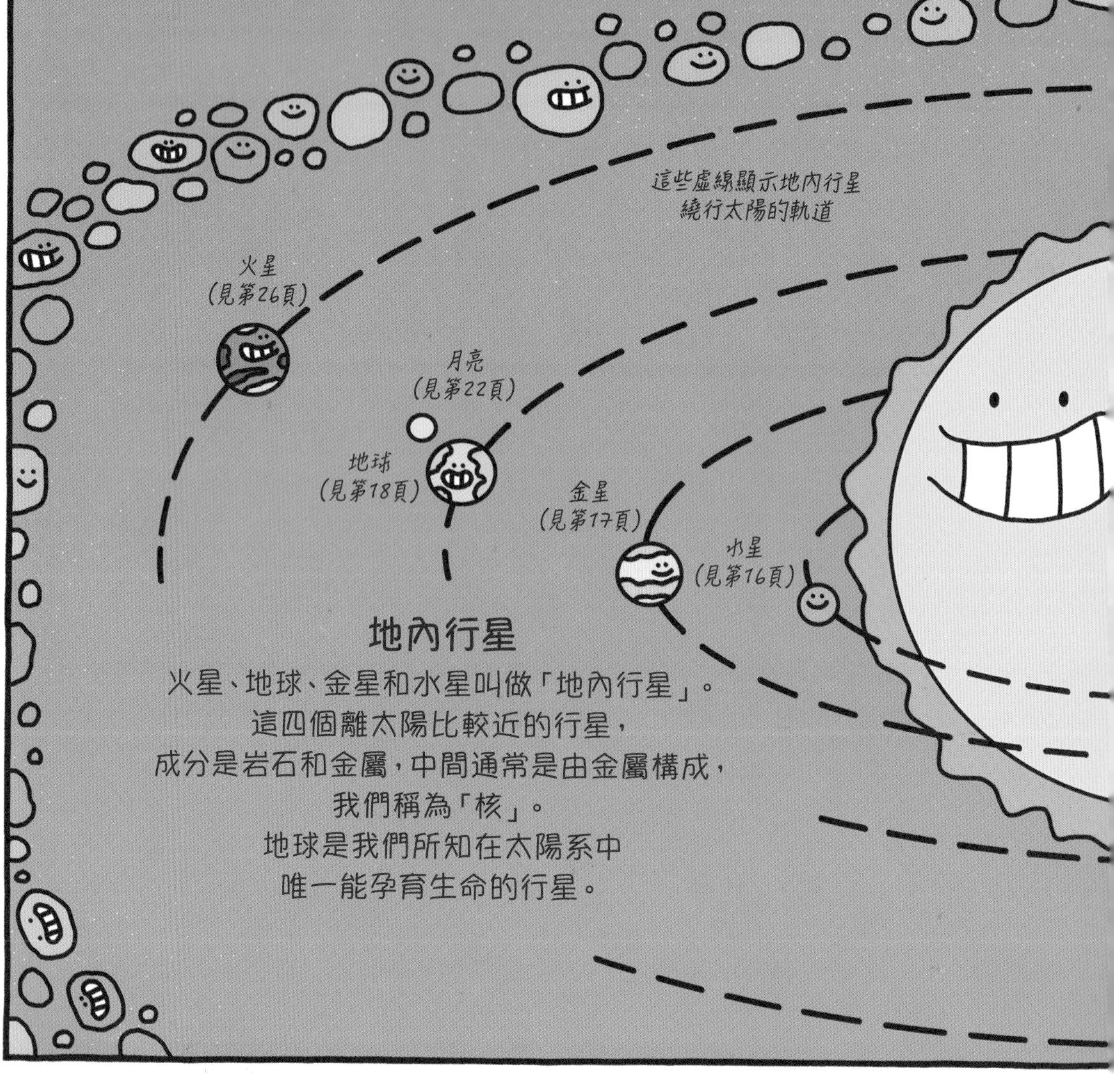

這些虛線顯示地內行星繞行太陽的軌道
火星（見第26頁）
月亮（見第22頁）
地球（見第18頁）
金星（見第17頁）
水星（見第16頁）

地內行星

火星、地球、金星和水星叫做「地內行星」。
這四個離太陽比較近的行星，
成分是岩石和金屬，中間通常是由金屬構成，
我們稱為「核」。
地球是我們所知在太陽系中
唯一能孕育生命的行星。

我們的鄰居

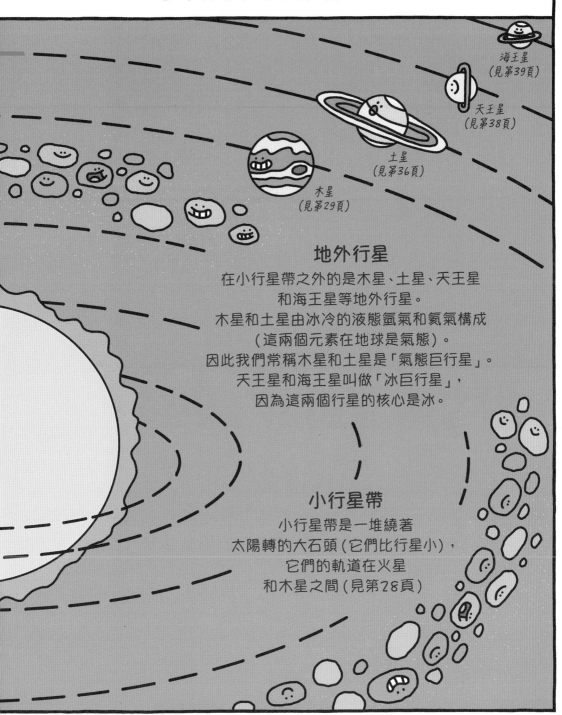

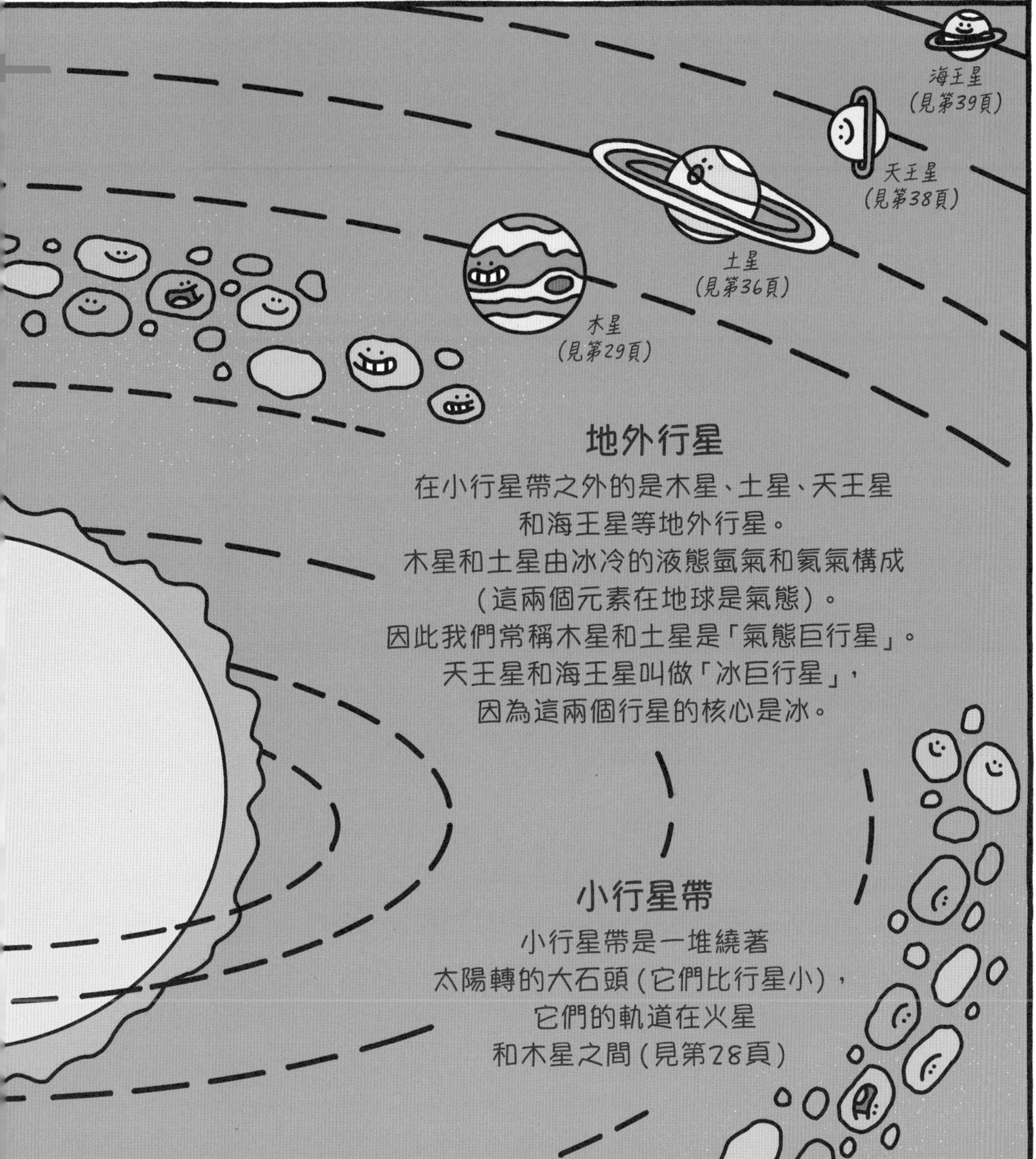
海王星
(見第39頁)
天王星
(見第38頁)
土星
(見第36頁)
木星
(見第29頁)

地外行星

在小行星帶之外的是木星、土星、天王星和海王星等地外行星。
木星和土星由冰冷的液態氫氣和氦氣構成（這兩個元素在地球是氣態）。
因此我們常稱木星和土星是「氣態巨行星」。
天王星和海王星叫做「冰巨行星」，因為這兩個行星的核心是冰。

小行星帶

小行星帶是一堆繞著太陽轉的大石頭（它們比行星小），它們的軌道在火星和木星之間（見第28頁）

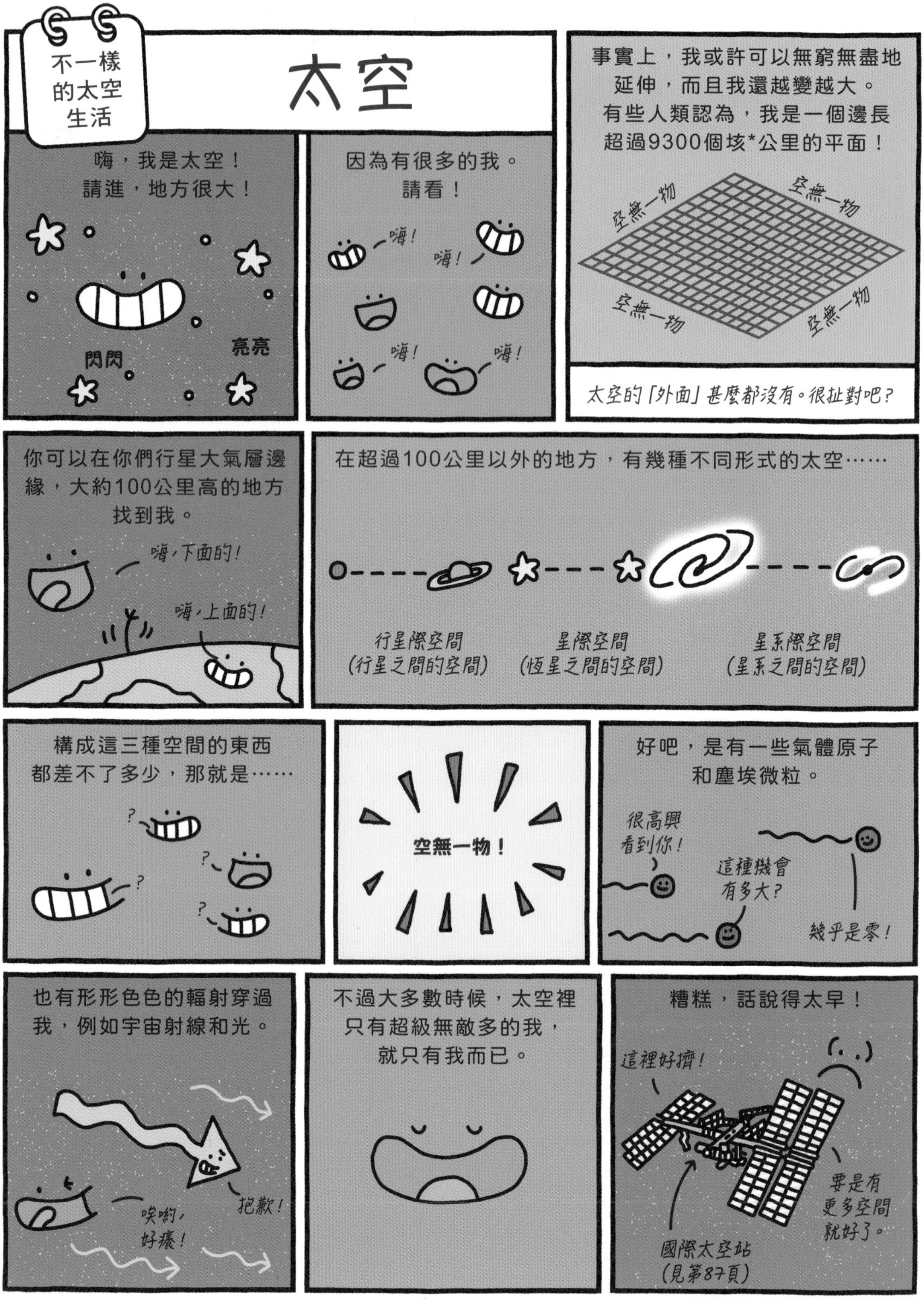

不一樣的太空生活
太空
嗨，我是太空！
請進，地方很大！
閃閃
亮亮
因為有很多的我。
請看！
嗨！
嗨！
嗨！
嗨！
事實上，我或許可以無窮無盡地延伸，而且我還越變越大。
有些人類認為，我是一個邊長超過9300個垓*公里的平面！
空無一物
空無一物
空無一物
空無一物
太空的「外面」甚麼都沒有。很扯對吧？
你可以在你們行星大氣層邊緣，大約100公里高的地方找到我。
嗨，下面的！
嗨，上面的！
在超過100公里以外的地方，有幾種不同形式的太空……
行星際空間
（行星之間的空間）
星際空間
（恆星之間的空間）
星系際空間
（星系之間的空間）
構成這三種空間的東西都差不了多少，那就是……
空無一物！
好吧，是有一些氣體原子和塵埃微粒。
很高興看到你！
這種機會有多大？
幾乎是零！
也有形形色色的輻射穿過我，例如宇宙射線和光。
抱歉！
唉喲，好癢！
不過大多數時候，太空裡只有超級無敵多的我，就只有我而已。
糟糕，話說得太早！
這裡好擠！
要是有更多空間就好了。
國際太空站
（見第87頁）

*譯註：垓是10的20次方。

好個大氣層！

地球這個行星的大氣層由氣體、水蒸氣和塵埃構成，
各層從下往上的排列順序如下圖。
越高空氣越稀薄，所以飛機機艙裡一定要注入空氣。

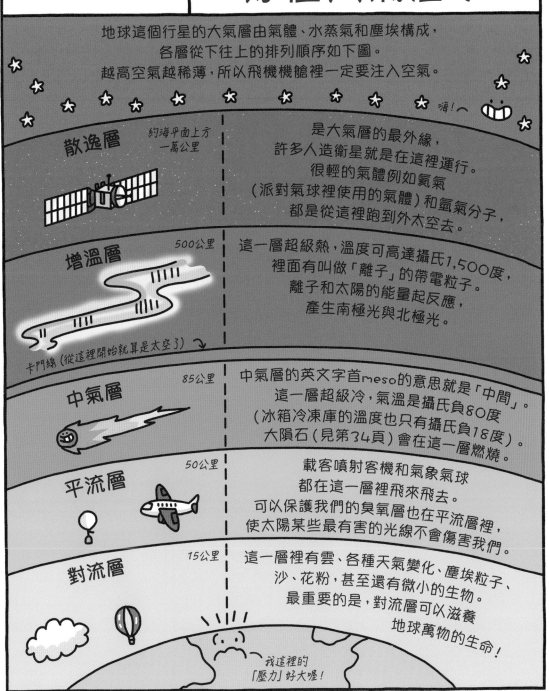

嗨！

散逸層

約海平面上方一萬公里

是大氣層的最外緣，
許多人造衛星就是在這裡運行。
很輕的氣體例如氦氣
（派對氣球裡使用的氣體）和氫氣分子，
都是從這裡跑到外太空去。

增溫層

500公里

這一層超級熱，溫度可高達攝氏1,500度，
裡面有叫做「離子」的帶電粒子。
離子和太陽的能量起反應，
產生南極光與北極光。

卡門線（從這裡開始就算是太空了）

中氣層

85公里

中氣層的英文字首meso的意思就是「中間」。
這一層超級冷，氣溫是攝氏負80度
（冰箱冷凍庫的溫度也只有攝氏負18度）。
大隕石（見第34頁）會在這一層燃燒。

平流層

50公里

載客噴射客機和氣象氣球
都在這一層裡飛來飛去。
可以保護我們的臭氧層也在平流層裡，
使太陽某些最有害的光線不會傷害我們。

對流層

15公里

這一層裡有雲、各種天氣變化、塵埃粒子、
沙、花粉，甚至還有微小的生物。
最重要的是，對流層可以滋養
地球萬物的生命！

我這裡的「壓力」好大喔！

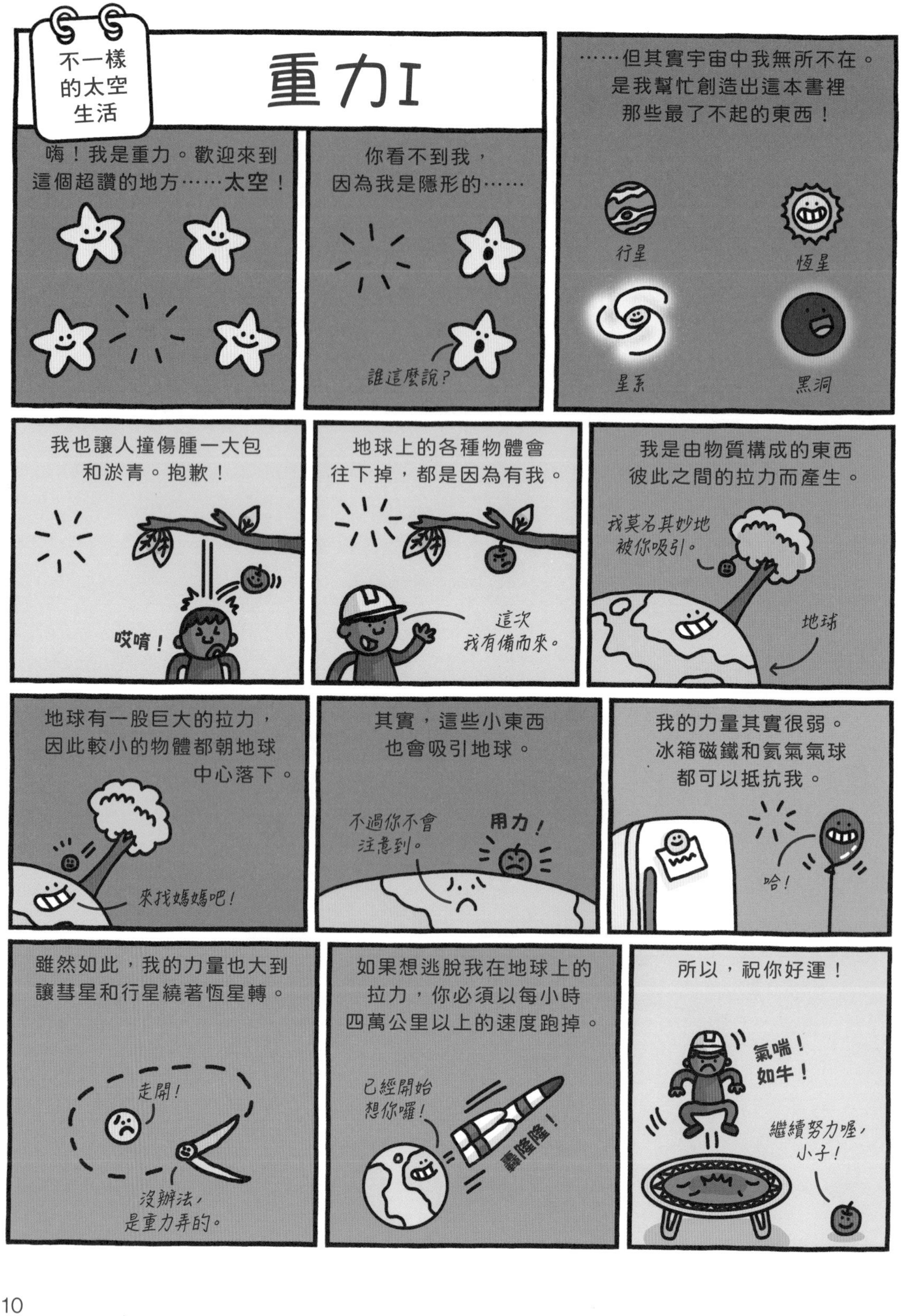
不一樣的太空生活
重力I
嗨！我是重力。歡迎來到這個超讚的地方……太空！
你看不到我，因為我是隱形的……
誰這麼說？
……但其實宇宙中我無所不在。是我幫忙創造出這本書裡那些最了不起的東西！
行星
恆星
星系
黑洞
我也讓人撞傷腫一大包和淤青。抱歉！
哎唷！
地球上的各種物體會往下掉，都是因為有我。
這次我有備而來。
我是由物質構成的東西彼此之間的拉力而產生。
我莫名其妙地被你吸引。
地球
地球有一股巨大的拉力，因此較小的物體都朝地球中心落下。
來找媽媽吧！
其實，這些小東西也會吸引地球。
不過你不會注意到。
用力！
我的力量其實很弱。冰箱磁鐵和氦氣氣球都可以抵抗我。
哈！
雖然如此，我的力量也大到讓彗星和行星繞著恆星轉。
走開！
沒辦法，是重力弄的。
如果想逃脫我在地球上的拉力，你必須以每小時四萬公里以上的速度跑掉。
已經開始想你囉！
轟隆隆！
所以，祝你好運！
氣喘！如牛！
繼續努力喔，小子！

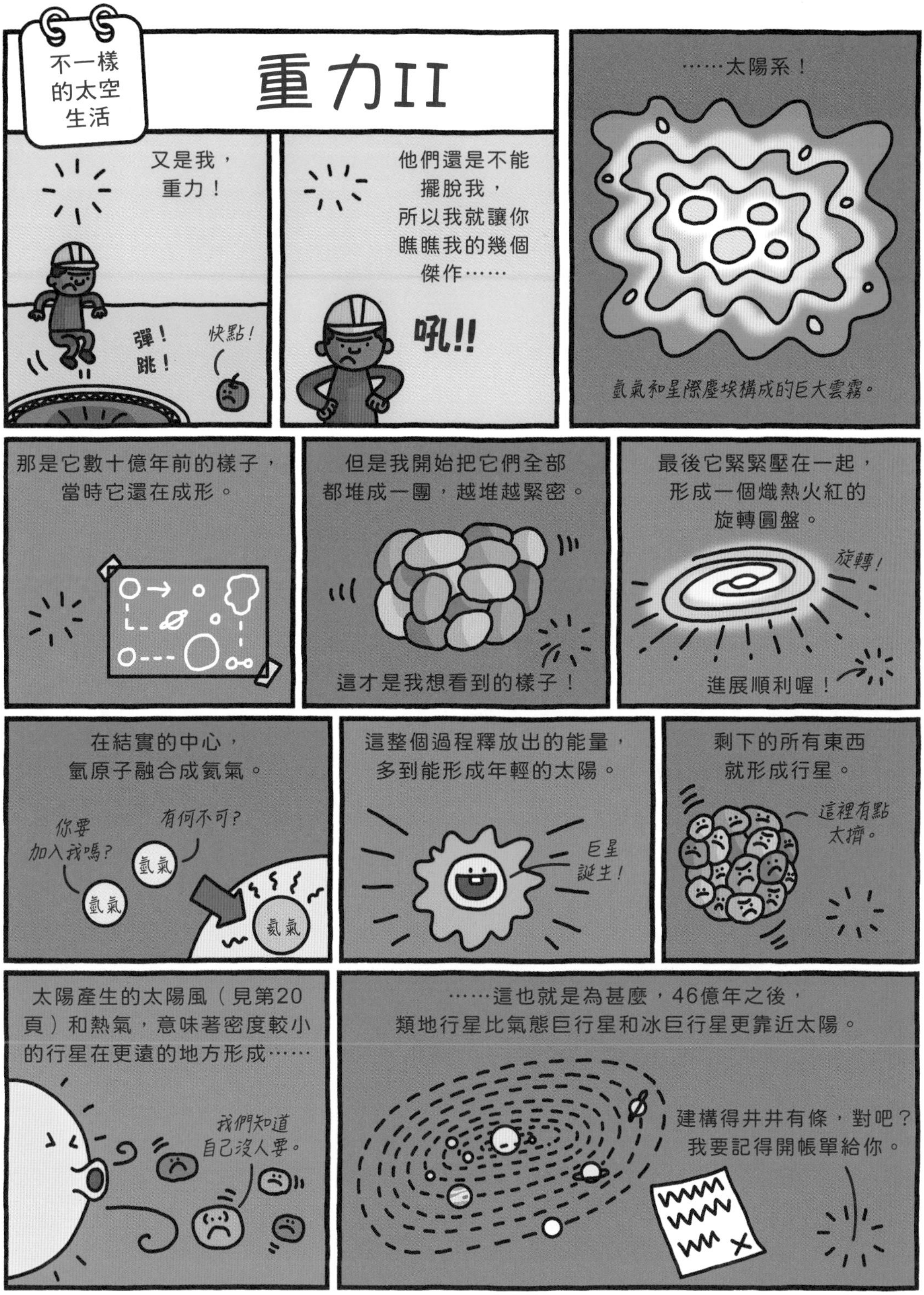
不一樣的太空生活
重力II
又是我，重力！
彈！跳！
快點！
他們還是不能擺脫我，所以我就讓你瞧瞧我的幾個傑作……
吼!!
……太陽系！
氫氣和星際塵埃構成的巨大雲霧。
那是它數十億年前的樣子，當時它還在成形。
但是我開始把它們全部都堆成一團，越堆越緊密。
這才是我想看到的樣子！
最後它緊緊壓在一起，形成一個熾熱火紅的旋轉圓盤。
旋轉！
進展順利喔！
在結實的中心，氫原子融合成氦氣。
你要加入我嗎？
有何不可？
氫氣
氫氣
氦氣
這整個過程釋放出的能量，多到能形成年輕的太陽。
巨星誕生！
剩下的所有東西就形成行星。
這裡有點太擠。
太陽產生的太陽風（見第20頁）和熱氣，意味著密度較小的行星在更遠的地方形成……
我們知道自己沒人要。
……這也就是為甚麼，46億年之後，類地行星比氣態巨行星和冰巨行星更靠近太陽。
建構得井井有條，對吧？我要記得開帳單給你。

宇宙宏觀

太陽太炫了！質量兩百萬「秭」公斤
（秭是10^{24}次方，兩百萬「秭」寫出來就是2後面有30個零！）的太陽，
構成太陽系質量的99.86%。
其實太陽裡面輕輕鬆鬆就裝得下一百萬顆地球。太陽讓地球孕育出生命。
就像你在下圖看到的，基本上它就是一個在太空中旋轉的巨大核子反應爐。
以下就是離地球最近的這顆恆星的絕妙事蹟。

質量

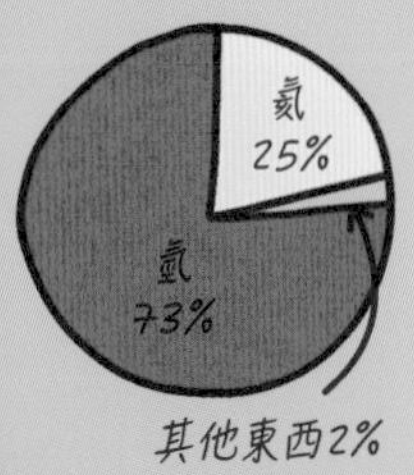
氦
25%
氫
73%
其他東西2%

雖然質量很大，
太陽大部分是由
宇宙中兩種
最輕的元素
所組成！

核心

太陽中心是一個溫度超高，高達攝氏一千五百萬度的氫等離子球。在巨大的壓力之下，氫分子融合為氦，在稱做「核融合」的過程中釋放極大的能量。

H + H = He + **能量**
氫 氫 氦

太陽在最後會停止融合氫氣——
不過還要再等個50億年
（見第50頁）。

地球

輻射層

釋放出來的能量
要花一百萬年，
才能向外穿越輻射層。

我們的超級巨星

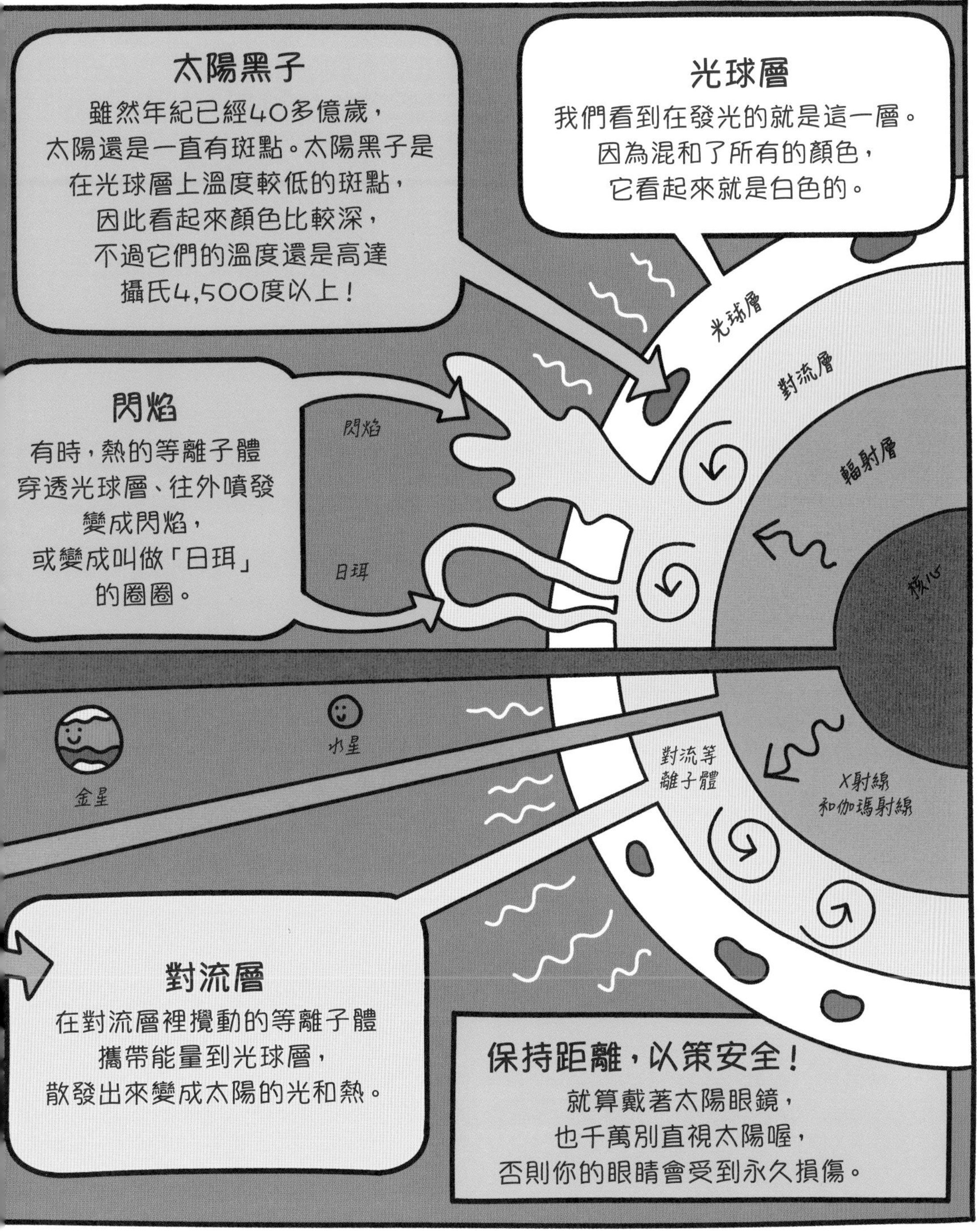

太陽黑子
雖然年紀已經40多億歲，太陽還是一直有斑點。太陽黑子是在光球層上溫度較低的斑點，因此看起來顏色比較深，不過它們的溫度還是高達攝氏4,500度以上！
光球層
我們看到在發光的就是這一層。因為混和了所有的顏色，它看起來就是白色的。
光球層
對流層
輻射層
核心
閃焰
有時，熱的等離子體穿透光球層、往外噴發變成閃焰，或變成叫做「日珥」的圈圈。
閃焰
日珥
金星
水星
對流等離子體
X射線和伽瑪射線
對流層
在對流層裡攪動的等離子體攜帶能量到光球層，散發出來變成太陽的光和熱。
保持距離，以策安全！
就算戴著太陽眼鏡，也千萬別直視太陽喔，否則你的眼睛會受到永久損傷。

一線陽光

的祕密日記

摘自一丁點的陽光
──「光線」的日記

我!

時間:0.0001秒

咻!太陽的光球層很熱
(光球層就是你們人類在天上看到的圓盤),
大約是攝氏5,500度左右!
我們這些剛形成的幾十億光子都想趕快逃走,
所以會以每秒30萬公里的速度前進,
那是光在真空中前進的速度。
全宇宙最快的就是我們!

時間:1秒

太陽不停地散發出一大堆光子,
我只是裡面一個小小的光粒子。
光子以光速直線移動,
但移動時我們會以不同的方式扭來扭去,
而扭動的「波」長決定了光的顏色。
藍色是比較短的波,紅色是比較長的波,
綠色介於兩者之間。
把所有可見光的不同顏色加起來,
就是白色的陽光。很妙吧!

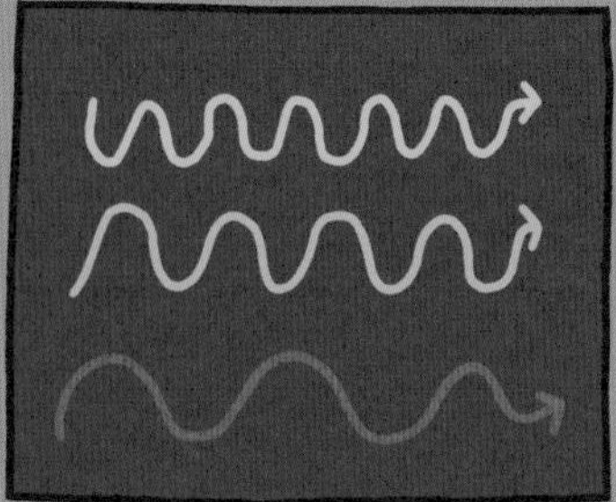

時間:2秒

還有其他的光波和我們一起前進,
只是你看不到,那就是紅外線和紫外線。
紅外線是讓陽光有溫暖感的光,
而紫外線會曬傷你的皮膚。
我們很快就會來找你了,
你最好擦些防曬乳液喔。

金星
水星
地球

時間：8分鐘又18秒

快到囉！我們經過水星只要三分多鐘，
經過金星只要大約六分鐘。
現在我們已經到了你們的臭氧層了，
它會吸收一些危險的紫外線。
準備見光囉！

時間：8分鐘又19秒

我走了一億五千萬公里來見你（這距離
等於一個天文單位，英文縮寫為AU），
但是卻被你的鍍膜太陽眼鏡彈回太空去！
好吧，至少這表示你很聰明，沒有直視太陽。
現在我要回到太空去了，
眼前有一整個宇宙在等著我呢。

彈開！

時間：4小時又12分鐘

還在前進！才剛經過海王星，
太陽已經變成我背後遙遠模糊的天體。
神奇的是，從這裡回頭看太陽，
我看到四個多小時前我離開它時的樣子。
我正在研究過去！

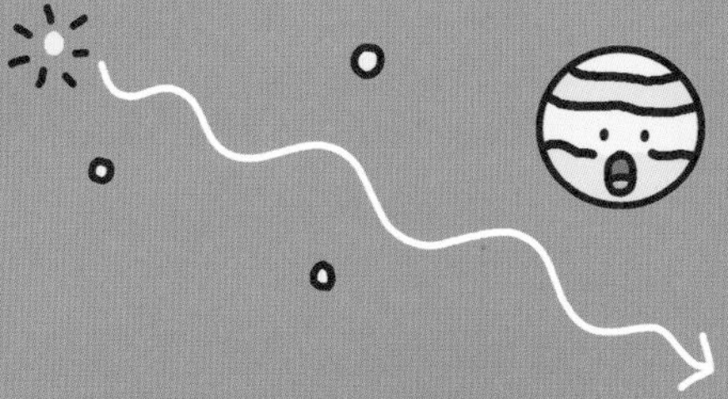

時間：一年

現在我已經用光速前進了整整一年。
我走的距離是9.5兆公里。
科學家稱呼這距離是一「光年」，
用這單位比較節省時間，
不然他們要寫好多個零。
這也表示我要離開太陽系了。回頭見！

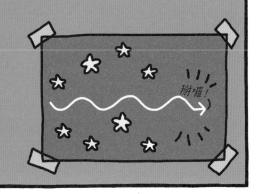

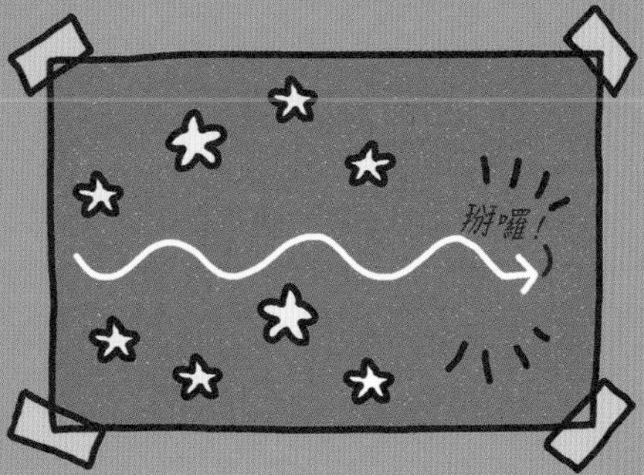
掰囉！

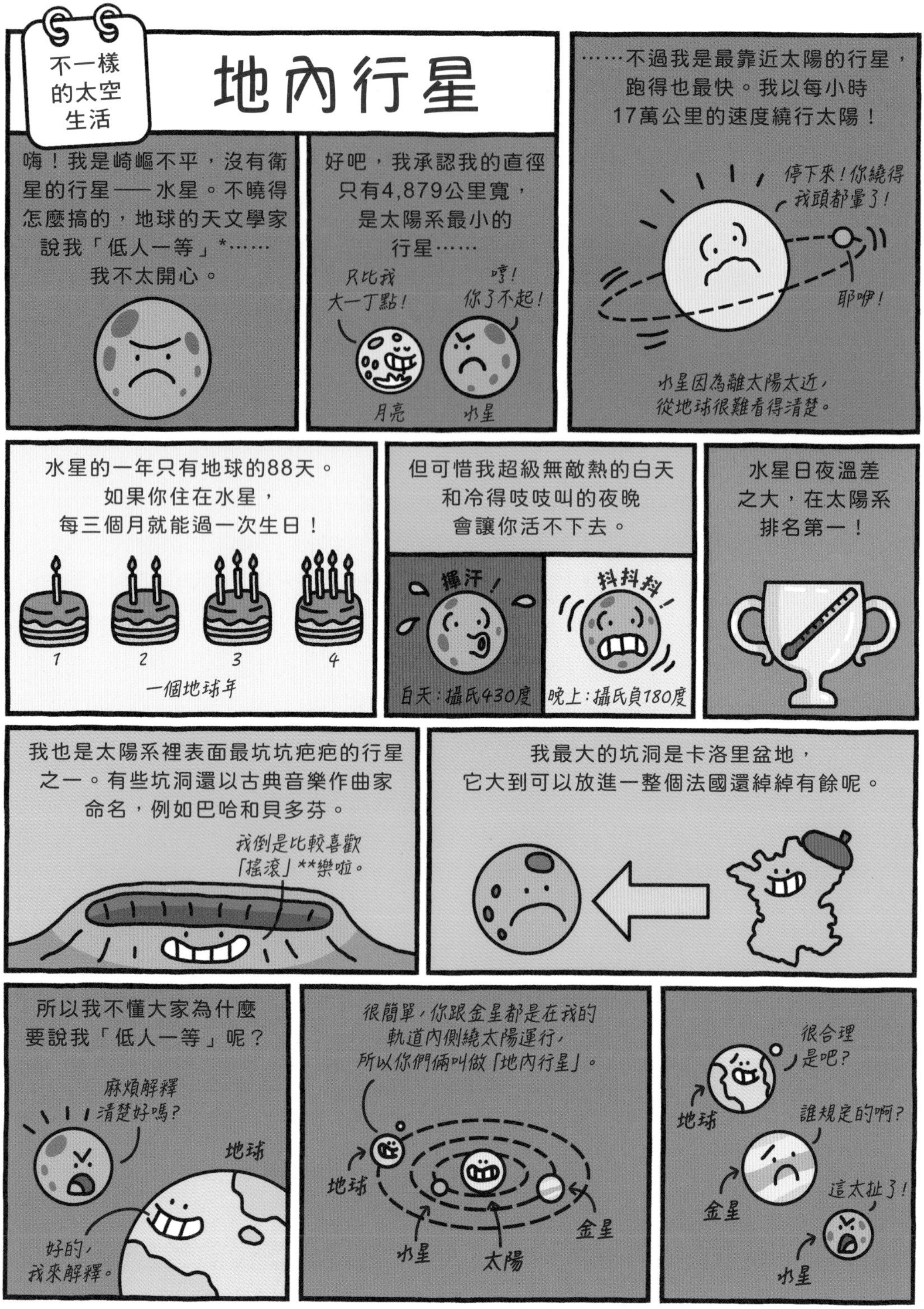
不一樣的太空生活
地內行星
嗨！我是崎嶇不平，沒有衛星的行星——水星。不曉得怎麼搞的，地球的天文學家說我「低人一等」*……我不太開心。
好吧，我承認我的直徑只有4,879公里寬，是太陽系最小的行星……
只比我大一丁點！
哼！你了不起！
月亮
水星
……不過我是最靠近太陽的行星，跑得也最快。我以每小時17萬公里的速度繞行太陽！
停下來！你繞得我頭都暈了！
耶咿！
水星因為離太陽太近，從地球很難看得清楚。
水星的一年只有地球的88天。如果你住在水星，每三個月就能過一次生日！
1
2
3
4
一個地球年
但可惜我超級無敵熱的白天和冷得吱吱叫的夜晚會讓你活不下去。
揮汗！
抖抖抖！
白天：攝氏430度
晚上：攝氏負180度
水星日夜溫差之大，在太陽系排名第一！
我也是太陽系裡表面最坑坑疤疤的行星之一。有些坑洞還以古典音樂作曲家命名，例如巴哈和貝多芬。
我倒是比較喜歡「搖滾」**樂啦。
我最大的坑洞是卡洛里盆地，它大到可以放進一整個法國還綽綽有餘呢。
所以我不懂大家為什麼要說我「低人一等」呢？
麻煩解釋清楚好嗎？
地球
好的，我來解釋。
很簡單，你跟金星都是在我的軌道內側繞太陽運行，所以你們倆叫做「地內行星」。
地球
水星
太陽
金星
很合理是吧？
地球
誰規定的啊？
金星
這太扯了！
水星

* 譯註：地內行星的英文是INFERIOR PLANET，INFERIOR有「下方的、較低的、次等的」意思。

** 譯註：英文的「搖滾」與「石頭」都是“ROCK”。

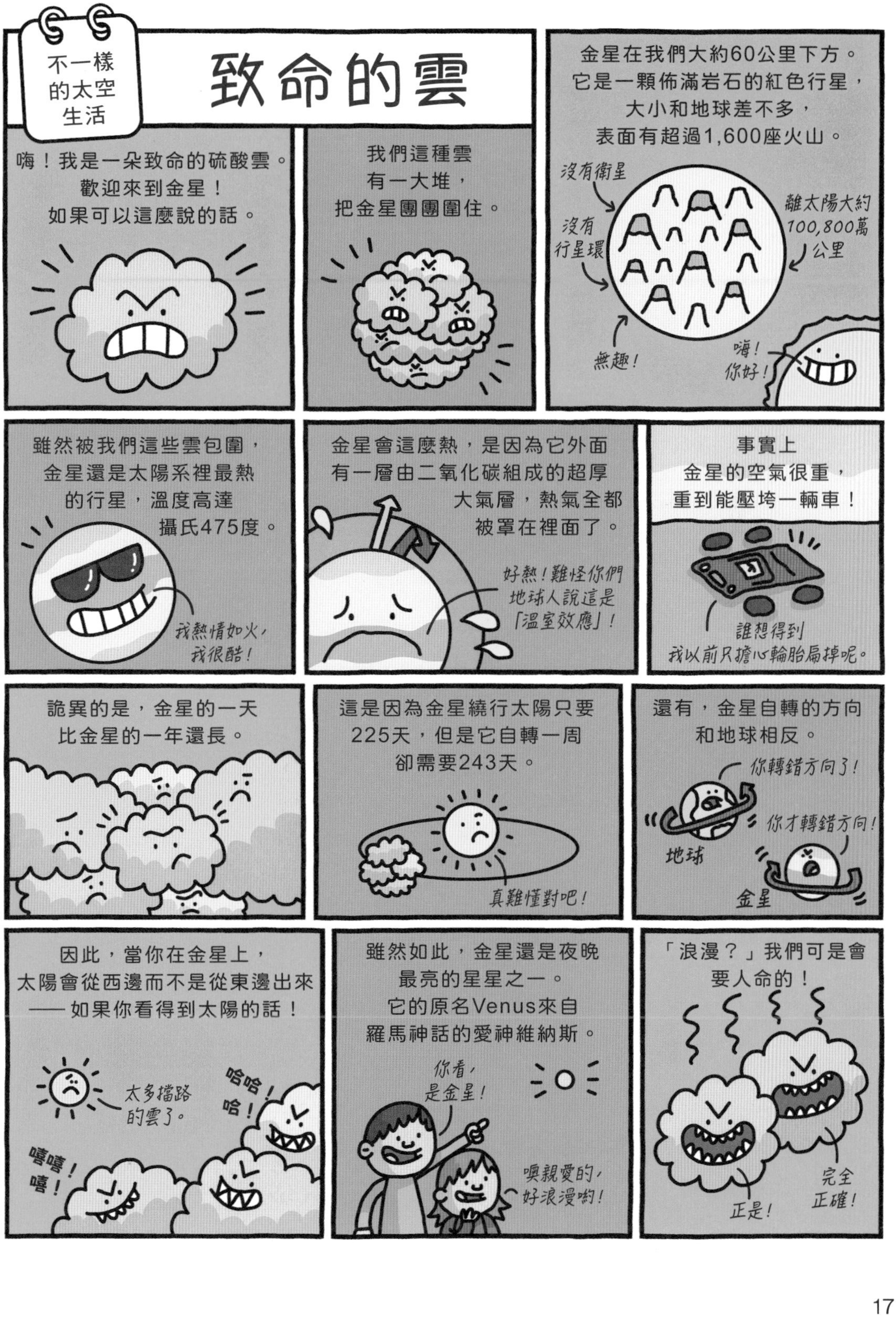

不一樣的太空生活
致命的雲
嗨！我是一朵致命的硫酸雲。歡迎來到金星！如果可以這麼說的話。
我們這種雲有一大堆，把金星團團圍住。
金星在我們大約60公里下方。它是一顆佈滿岩石的紅色行星，大小和地球差不多，表面有超過1,600座火山。
沒有衛星
沒有行星環
離太陽大約100,800萬公里
無趣！
嗨！你好！
雖然被我們這些雲包圍，金星還是太陽系裡最熱的行星，溫度高達攝氏475度。
我熱情如火，我很酷！
金星會這麼熱，是因為它外面有一層由二氧化碳組成的超厚大氣層，熱氣全都被罩在裡面了。
好熱！難怪你們地球人說這是「溫室效應」！
事實上金星的空氣很重，重到能壓垮一輛車！
誰想得到我以前只擔心輪胎扁掉呢。
詭異的是，金星的一天比金星的一年還長。
這是因為金星繞行太陽只要225天，但是它自轉一周卻需要243天。
真難懂對吧！
還有，金星自轉的方向和地球相反。
你轉錯方向了！
你才轉錯方向！
地球
金星
因此，當你在金星上，太陽會從西邊而不是從東邊出來——如果你看得到太陽的話！
太多擋路的雲了。
哈哈！哈！
嘻嘻！嘻！
雖然如此，金星還是夜晚最亮的星星之一。它的原名Venus來自羅馬神話的愛神維納斯。
你看，是金星！
噢親愛的，好浪漫喲！
「浪漫？」我們可是會要人命的！
正是！
完全正確！

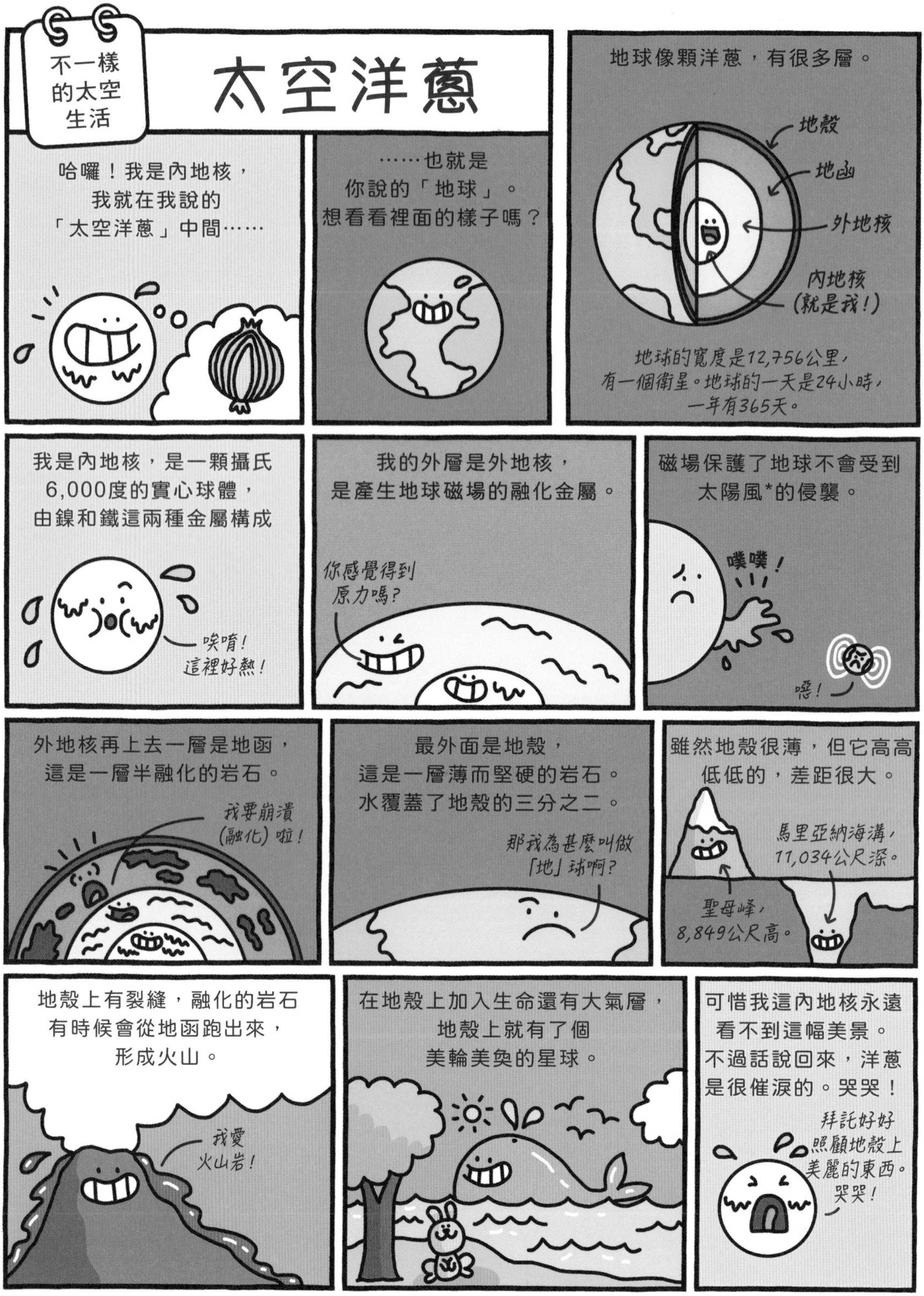
不一樣的太空生活
太空洋蔥
哈囉！我是內地核，我就在我說的「太空洋蔥」中間……
……也就是你說的「地球」。想看看裡面的樣子嗎？
地球像顆洋蔥，有很多層。
地殼
地函
外地核
內地核（就是我！）
地球的寬度是12,756公里，有一個衛星。地球的一天是24小時，一年有365天。
我是內地核，是一顆攝氏6,000度的實心球體，由鎳和鐵這兩種金屬構成
唉唷！這裡好熱！
我的外層是外地核，是產生地球磁場的融化金屬。
你感覺得到原力嗎？
磁場保護了地球不會受到太陽風*的侵襲。
噗噗！
嗯！
外地核再上去一層是地函，這是一層半融化的岩石。
我要崩潰（融化）啦！
最外面是地殼，這是一層薄而堅硬的岩石。水覆蓋了地殼的三分之二。
那我為甚麼叫做「地」球啊？
雖然地殼很薄，但它高高低低的，差距很大。
馬里亞納海溝，11,034公尺深。
聖母峰，8,849公尺高。
地殼上有裂縫，融化的岩石有時候會從地函跑出來，形成火山。
我愛火山岩！
在地殼上加入生命還有大氣層，地殼上就有了個美輪美奐的星球。
可惜我這內地核永遠看不到這幅美景。不過話說回來，洋蔥是很催淚的。哭哭！
拜託好好照顧地殼上美麗的東西。哭哭！

* 見第20、21頁

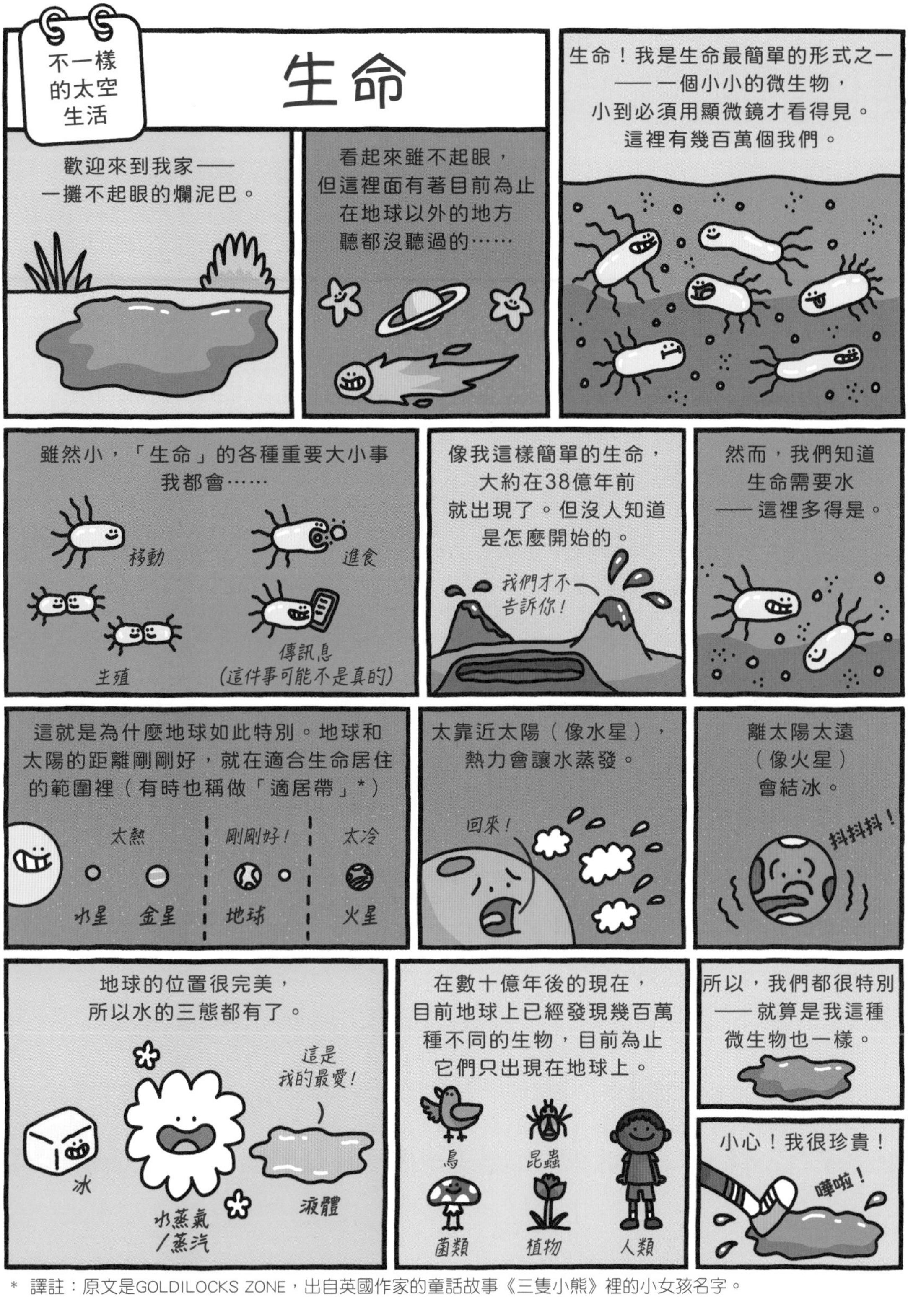
不一樣
的太空
生活
生命
歡迎來到我家——
一攤不起眼的爛泥巴。
看起來雖不起眼，
但這裡面有著目前為止
在地球以外的地方
聽都沒聽過的……
生命！我是生命最簡單的形式之一
——一個小小的微生物，
小到必須用顯微鏡才看得見。
這裡有幾百萬個我們。
雖然小，「生命」的各種重要大小事
我都會……
移動
進食
生殖
傳訊息
(這件事可能不是真的)
像我這樣簡單的生命，
大約在38億年前
就出現了。但沒人知道
是怎麼開始的。
我們才不告訴你！
然而，我們知道
生命需要水
——這裡多得是。
這就是為什麼地球如此特別。地球和
太陽的距離剛剛好，就在適合生命居住
的範圍裡（有時也稱做「適居帶」*）
太熱
剛剛好！
太冷
水星
金星
地球
火星
太靠近太陽（像水星），
熱力會讓水蒸發。
回來！
離太陽太遠
（像火星）
會結冰。
抖抖抖！
地球的位置很完美，
所以水的三態都有了。
這是
我的最愛！
冰
水蒸氣
/蒸汽
液體
在數十億年後的現在，
目前地球上已經發現幾百萬
種不同的生物，目前為止
它們只出現在地球上。
鳥
昆蟲
菌類
植物
人類
所以，我們都很特別
——就算是我這種
微生物也一樣。
小心！我很珍貴！
嘩啦！

* 譯註：原文是GOLDILOCKS ZONE，出自英國作家的童話故事《三隻小熊》裡的小女孩名字。

微光
的祕密日記

摘自太陽風的一部份「陣風」的日記。

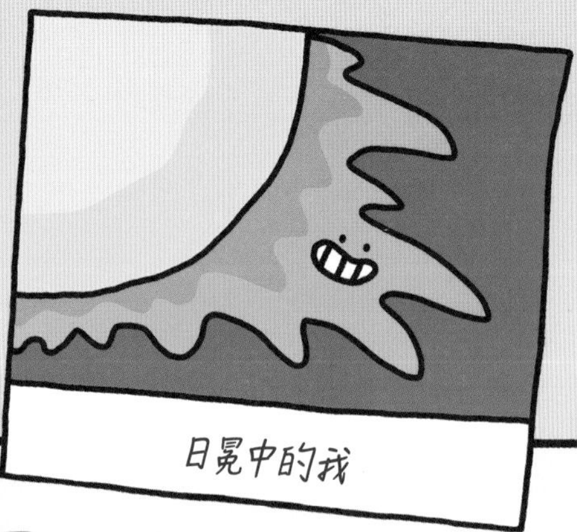

日冕中的我

星期一早晨

哇！星期一就這麼刺激！
就在我和其他幾百萬個帶電粒子輕鬆愉快地
享受攝氏100萬度的熱力時，
我們從太陽的日冕中被趕了出去。
現在我們好像以每秒500公里的速度，
朝著遠方某個藍色行星全速前進。不曉得到了那裡以後要幹嘛？

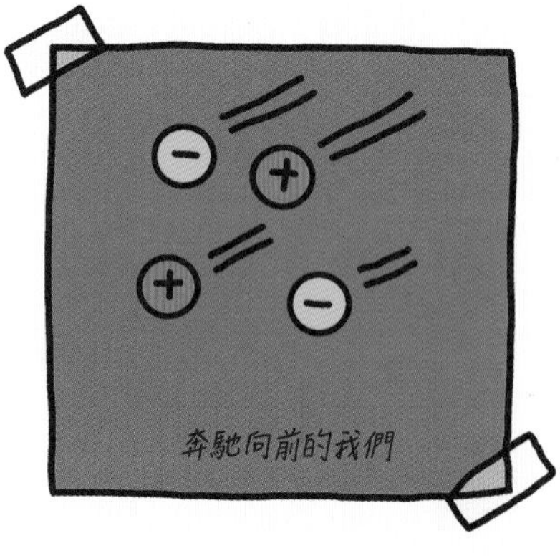

奔馳向前的我們

星期一下午

來個快速更新。顯然，我們這些有的帶正電、
有的帶負電的超級帶電粒子，形成一股叫做
「太陽風」的強風。我覺得這樣講有點沒禮貌，
我想我比較喜歡用「太陽天氣」這個說法。
總之，看來我們還是順利地
朝那顆藍色小行星前進。

星期一傍晚

剛剛聽說有些風跑到完全不同的方向去了。
有一陣風甚至還遇到一顆彗星，
給了它一個跟太陽方向相反、很長又很大的尾巴。
我希望我們這些風也能做出那樣驚天動地的事情。

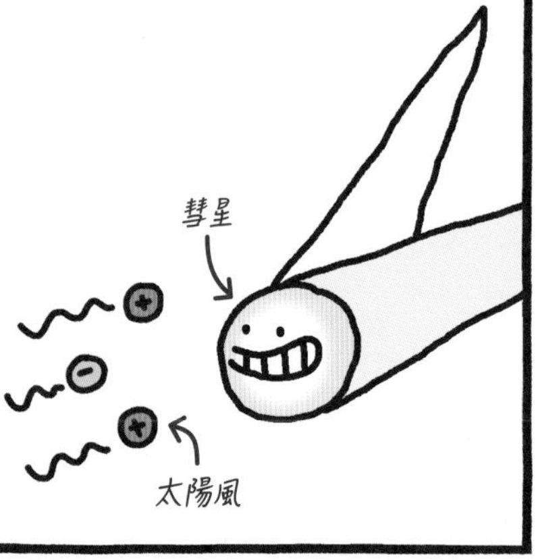
彗星
太陽風

星期二

呃……今天非常無聊。
我們以高速穿越空蕩蕩的空間，
跑了好遠，不過那顆小小的藍色行星
看起來越來越大。
我想我們明天可能會撞上它。

星期三早晨

哇（第二次）！那顆小小的藍色行星
準備了法寶等著我們
——一個隱形粒子防護罩！
我本來以為那是魔術，結果是磁場！
那顆行星就像是個大磁鐵，
讓大部分的我們繞過它，
然後跑到它後面。
我和其他一些傢伙純粹是運氣好，
我們溜走了。或許現在我們
大放異彩的機會來了。

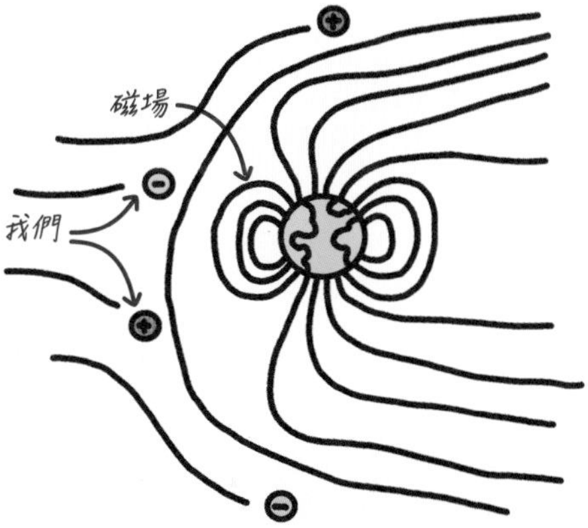
磁場
我們

我們在天空散發出的極光。很漂亮對不對？

星期三夜晚

哇（第三次）！我們不只大顯身手，
還會綻放出七彩繽紛的光芒！
我們之中的紅色粒子，
撞上北極和南極上方大氣層裡的
許多氮和氧原子。
它們把我們的能量拿走，
轉變成有顏色的酷炫亮光，
叫做「極光」。雖然走了一億五千萬公里，
但最後成為極光的一份子真的很值得。
掰囉！

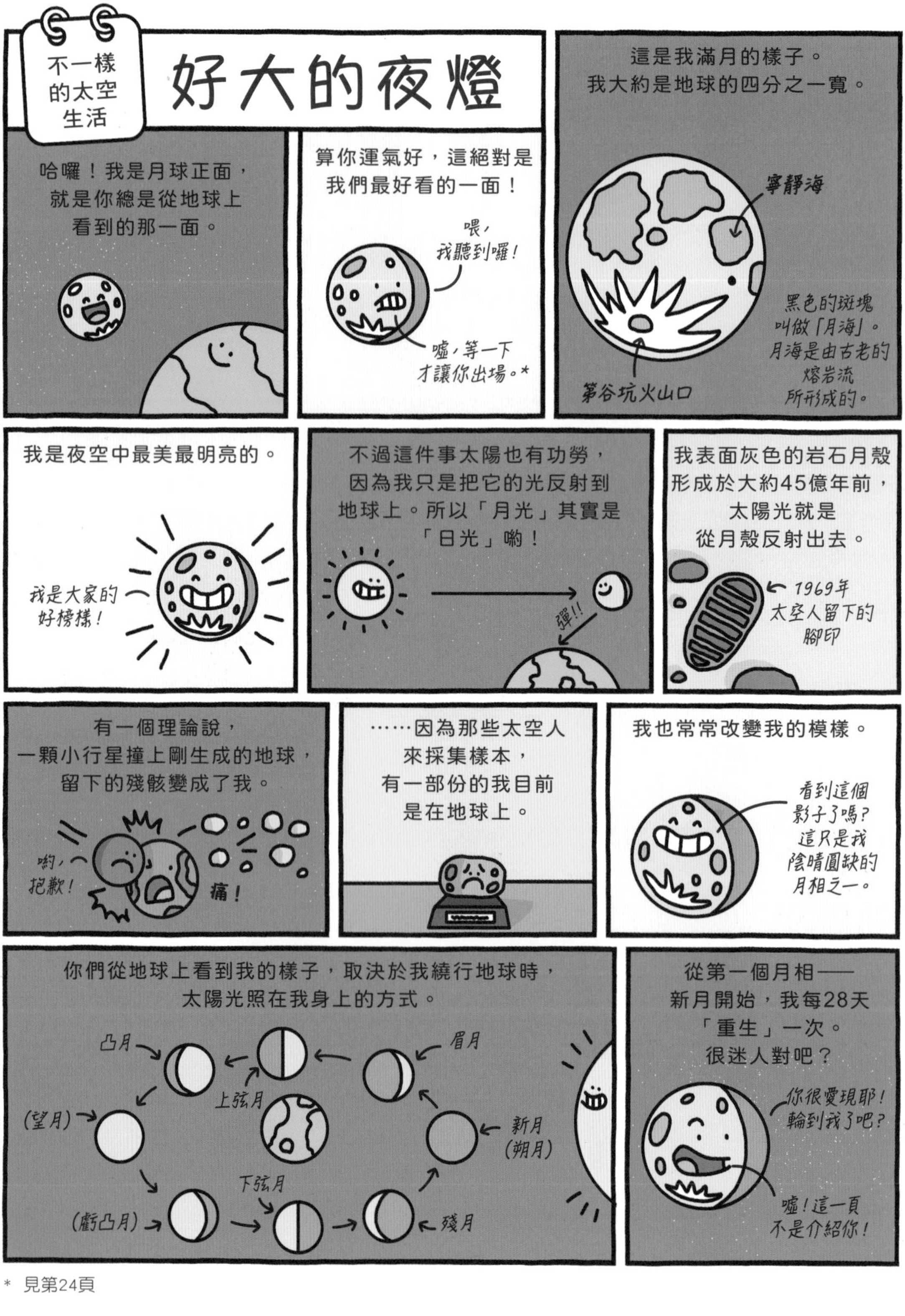
不一樣的太空生活
好大的夜燈
哈囉！我是月球正面，就是你總是從地球上看到的那一面。
算你運氣好，這絕對是我們最好看的一面！
喂，我聽到囉！
噓，等一下才讓你出場。*
這是我滿月的樣子。我大約是地球的四分之一寬。
寧靜海
黑色的斑塊叫做「月海」。月海是由古老的熔岩流所形成的。
第谷坑火山口
我是夜空中最美最明亮的。
我是大家的好榜樣！
不過這件事太陽也有功勞，因為我只是把它的光反射到地球上。所以「月光」其實是「日光」喲！
彈!!
我表面灰色的岩石月殼形成於大約45億年前，太陽光就是從月殼反射出去。
1969年太空人留下的腳印
有一個理論說，一顆小行星撞上剛生成的地球，留下的殘骸變成了我。
喲，抱歉！
痛！
……因為那些太空人來採集樣本，有一部份的我目前是在地球上。
我也常常改變我的模樣。
看到這個影子了嗎？這只是我陰晴圓缺的月相之一。
你們從地球上看到我的樣子，取決於我繞行地球時，太陽光照在我身上的方式。
凸月
上弦月
眉月
(望月)
新月(朔月)
下弦月
(虧凸月)
殘月
從第一個月相——新月開始，我每28天「重生」一次。很迷人對吧？
你很愛現耶！輪到我了吧？
噓！這一頁不是介紹你！

＊ 見第24頁

不一樣的太空生活
羽毛
嗨！我是獵鷹翅膀的羽毛，這是我的朋友……
呃，你可以告訴我我是誰嗎？
你是大名鼎鼎的鋁製太空岩石錘！
是喔？哇！
沒錯！在1971年阿波羅15號登月任務中，我們和這些傢伙一起飛往月球。
大衛·史考特
阿弗烈·沃登
詹姆士·厄文
你的工作就是用頭猛敲月球岩石。
痛！
指揮官史考特和駕駛員厄文乘坐「獵鷹號」登月艙降落，又開著月球車*花了三天收集月球岩石。
搖滾吧！
才第二天，他們就收集到了一顆40億年前的月球岩石，現在我們稱它為「起源石」。
我是搖滾巨星！
第三天，我們幫忙做了一個實驗，在電視上實況轉播，觀眾有好幾百萬人！
你
史考特指揮官
我
史考特指揮官放開手讓我們掉下來，你的質量雖然比較大，但我們同時落地。
唉喲喂呀，我的頭！
耶！
這個實驗證明，如果沒有空氣的阻礙，重力可以讓所有物體以同樣速度掉落，不受質量大小影響。
很酷，對吧？
了不起吧？
你可以用一根羽毛擊敗我！
OK！
哈！好癢！

* 見第85頁

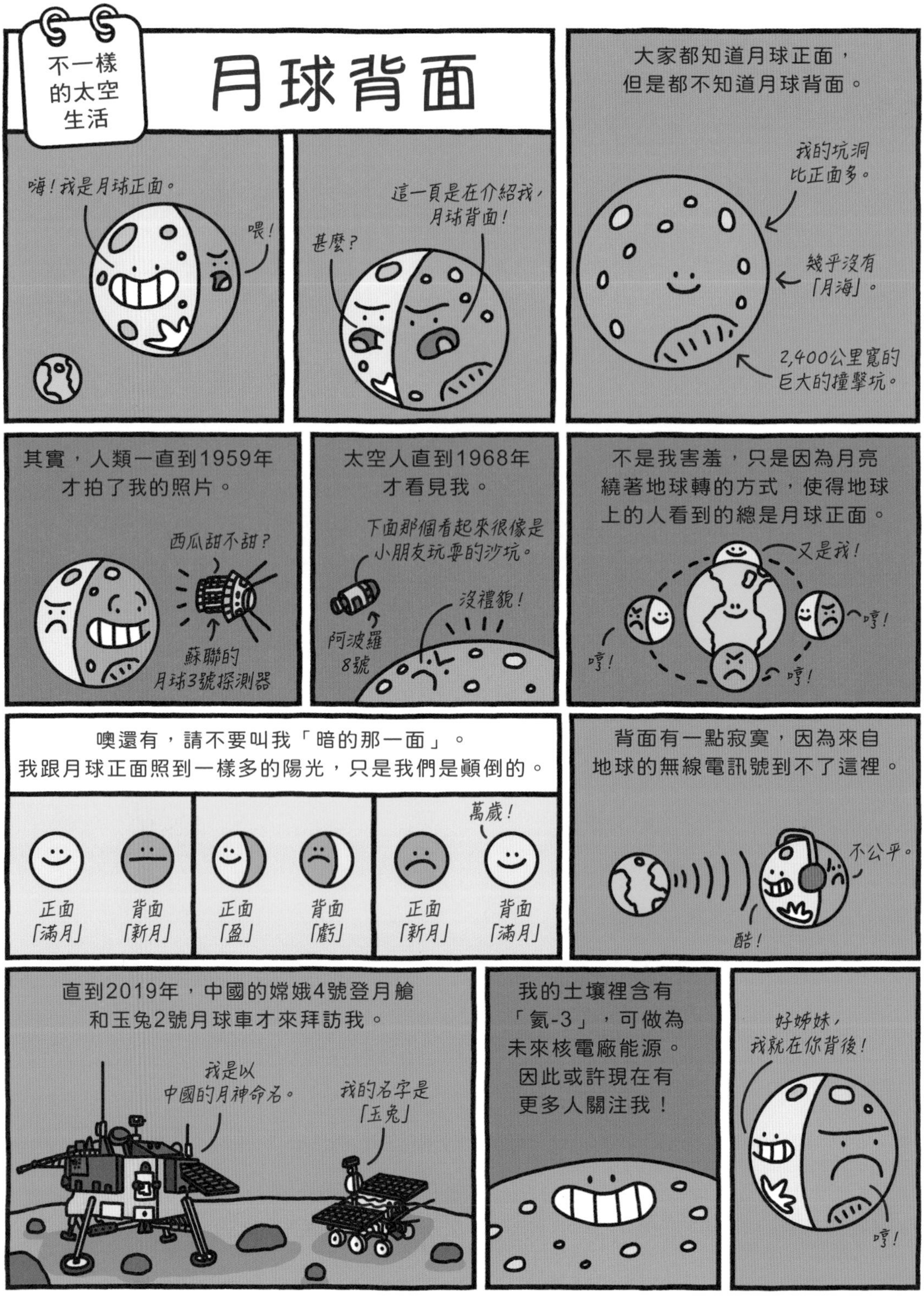

不一樣的太空生活
月球背面
大家都知道月球正面，
但是都不知道月球背面。
嗨！我是月球正面。
喂！
這一頁是在介紹我，
月球背面！
甚麼？
我的坑洞比正面多。
幾乎沒有「月海」。
2,400公里寬的巨大的撞擊坑。
其實，人類一直到1959年才拍了我的照片。
西瓜甜不甜？
蘇聯的月球3號探測器
太空人直到1968年才看見我。
下面那個看起來很像是小朋友玩耍的沙坑。
沒禮貌！
阿波羅8號
不是我害羞，只是因為月亮繞著地球轉的方式，使得地球上的人看到的總是月球正面。
又是我！
哼！
哼！
哼！
噢還有，請不要叫我「暗的那一面」。
我跟月球正面照到一樣多的陽光，只是我們是顛倒的。
正面「滿月」
背面「新月」
正面「盈」
背面「虧」
萬歲！
正面「新月」
背面「滿月」
背面有一點寂寞，因為來自地球的無線電訊號到不了這裡。
不公平。
酷！
直到2019年，中國的嫦娥4號登月艙和玉兔2號月球車才來拜訪我。
我是以中國的月神命名。
我的名字是「玉兔」
我的土壤裡含有「氦-3」，可做為未來核電廠能源。因此或許現在有更多人關注我！
好姊妹，我就在你背後！
哼！

深入太空

黑暗的祕密

試想一下，在古文明時期，當太陽被遮住，
大地一片昏暗時，人們有多震驚。
今天我們知道這是日食。
這是由於從地球看去，月亮擋在圓形的太陽光前面。

月亮與太陽相交，然後擋住太陽

唉唷！
日全食

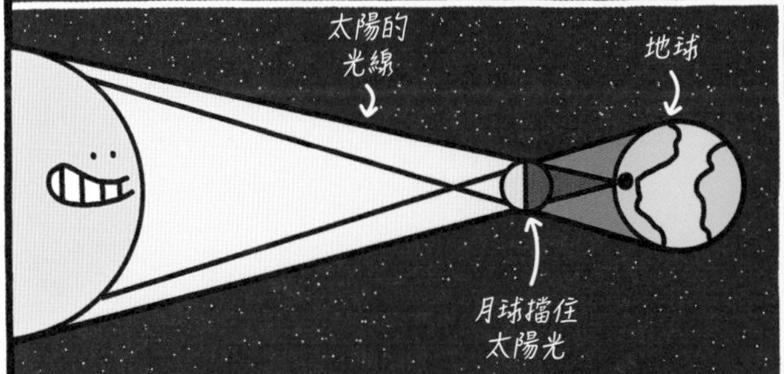
太陽的光線
地球
月球擋住太陽光

日全食每18個月發生一次。
無論任何時候都不要直視太陽，
日食的時候也不行。

日冕

日食有分日偏食和日全食。
日全食的時候，
我們就看得見太陽超熱的大氣層
(也就是日冕)。

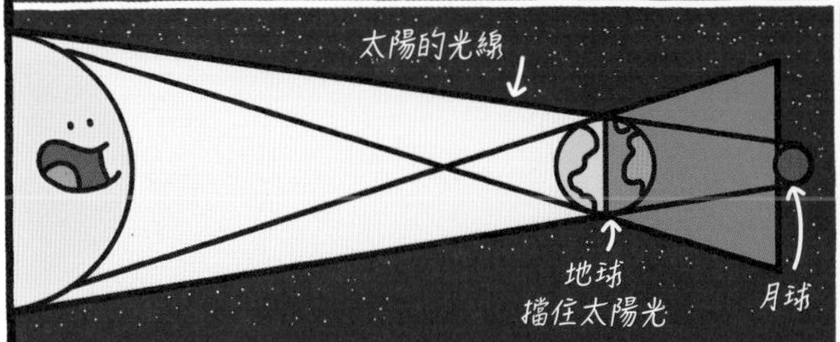
太陽的光線
地球擋住太陽光
月球

月食的時候，
地球擋住太陽光，
所以月球在地球的陰影裡。

黑黑的月食比灰色好多了！

月全食的月亮
看起來紅紅的，
因為紅光會繞過地球。

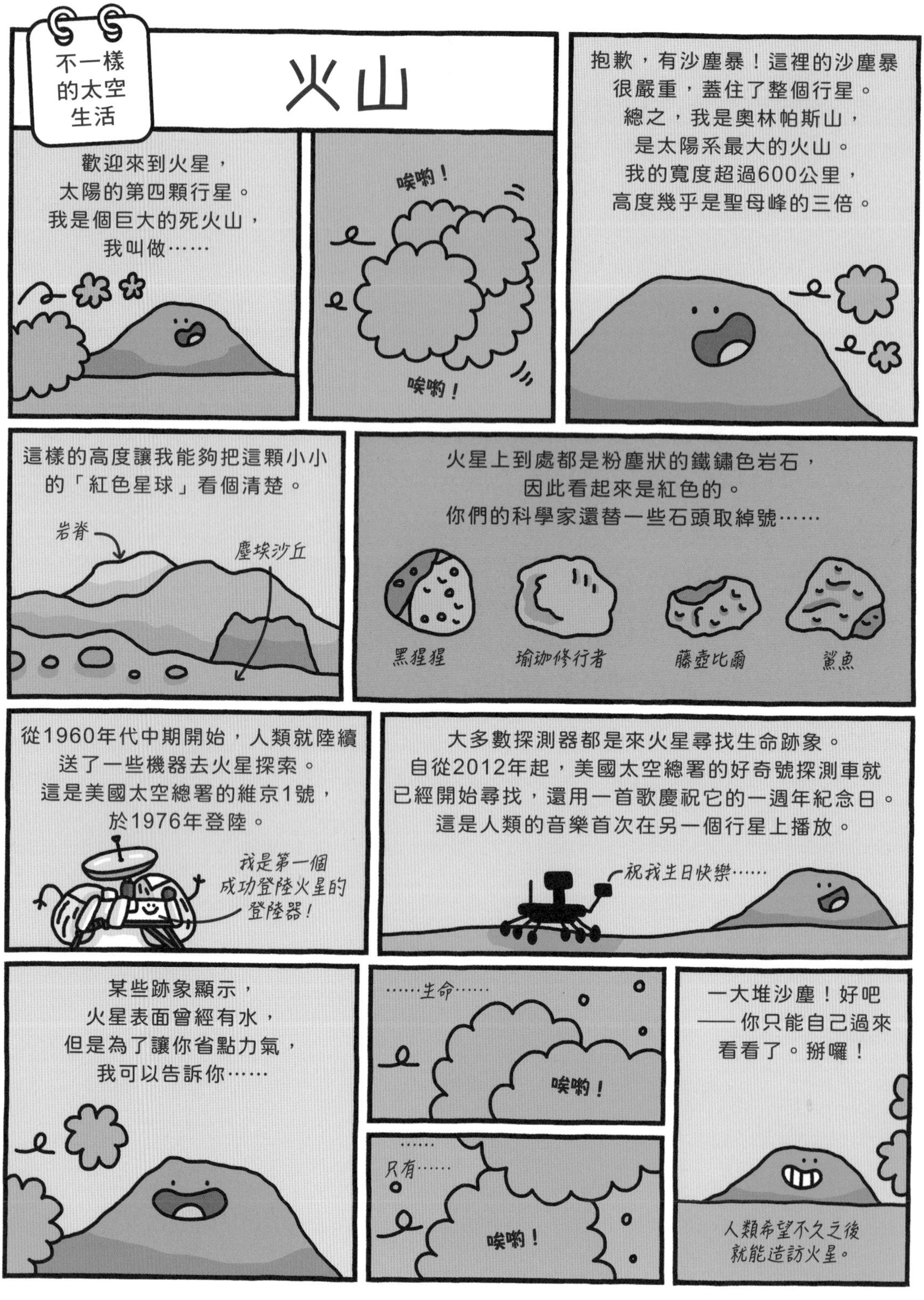

不一樣的太空生活
火山
歡迎來到火星，
太陽的第四顆行星。
我是個巨大的死火山，
我叫做……
唉喲！
唉喲！
抱歉，有沙塵暴！這裡的沙塵暴很嚴重，蓋住了整個行星。
總之，我是奧林帕斯山，
是太陽系最大的火山。
我的寬度超過600公里，
高度幾乎是聖母峰的三倍。
這樣的高度讓我能夠把這顆小小的「紅色星球」看個清楚。
岩脊
塵埃沙丘
火星上到處都是粉塵狀的鐵鏽色岩石，
因此看起來是紅色的。
你們的科學家還替一些石頭取綽號……
黑猩猩
瑜珈修行者
藤壺比爾
鯊魚
從1960年代中期開始，人類就陸續送了一些機器去火星探索。
這是美國太空總署的維京1號，
於1976年登陸。
我是第一個成功登陸火星的登陸器！
大多數探測器都是來火星尋找生命跡象。
自從2012年起，美國太空總署的好奇號探測車就已經開始尋找，還用一首歌慶祝它的一週年紀念日。
這是人類的音樂首次在另一個行星上播放。
祝我生日快樂……
某些跡象顯示，
火星表面曾經有水，
但是為了讓你省點力氣，
我可以告訴你……
……生命……
唉喲！
……
只有……
唉喲！
一大堆沙塵！好吧
──你只能自己過來
看看了。掰囉！
人類希望不久之後就能造訪火星。

深入太空

紅色星球

火星在夜空中閃耀著血紅色光芒，
難怪人們以古羅馬戰神的名字「馬爾斯」稱呼它。
火星的寬度大約是地球的一半，
它的一天比地球上的一天多了大概40分鐘。
然而，火星離太陽遠得多，所以火星的一年是地球的687天。

稀薄的空氣

火星的大氣層很薄，
是由不適合呼吸的二氧化碳組成，
重力大約是地球的40%。
這表示未來造訪火星的人類，
他們會發現自己的體重
比在地球上輕得多。

大型冷凍庫

火星和地球一樣，
在北極和南極有冰帽。
兩極的溫度
可低至攝氏負125度。

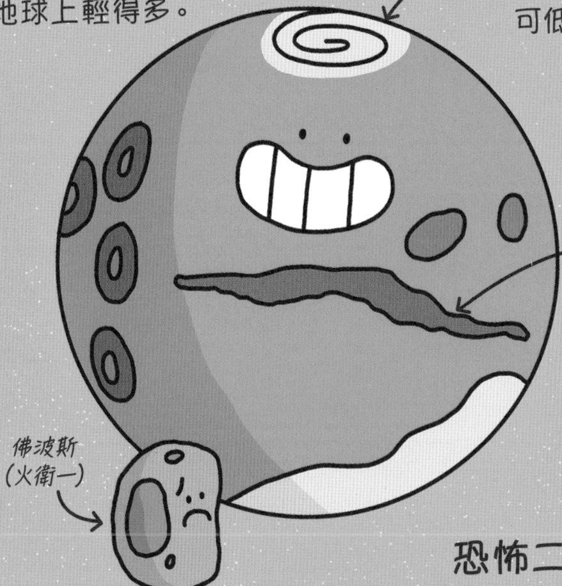
佛波斯
(火衛一)

好大的一條溝！

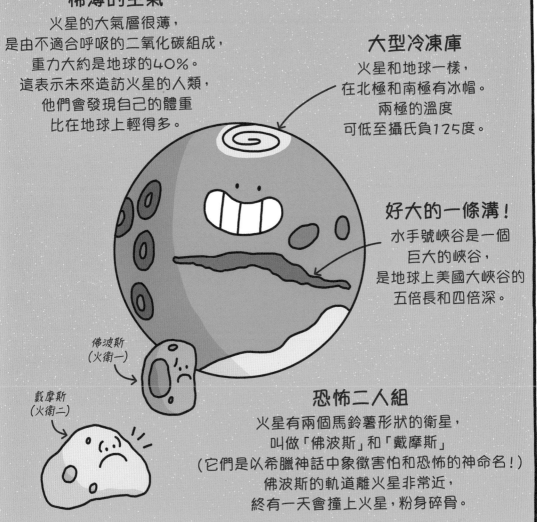

水手號峽谷是一個
巨大的峽谷，
是地球上美國大峽谷的
五倍長和四倍深。

戴摩斯
(火衛二)

恐怖二人組

火星有兩個馬鈴薯形狀的衛星，
叫做「佛波斯」和「戴摩斯」
(它們是以希臘神話中象徵害怕和恐怖的神命名！)
佛波斯的軌道離火星非常近，
終有一天會撞上火星，粉身碎骨。

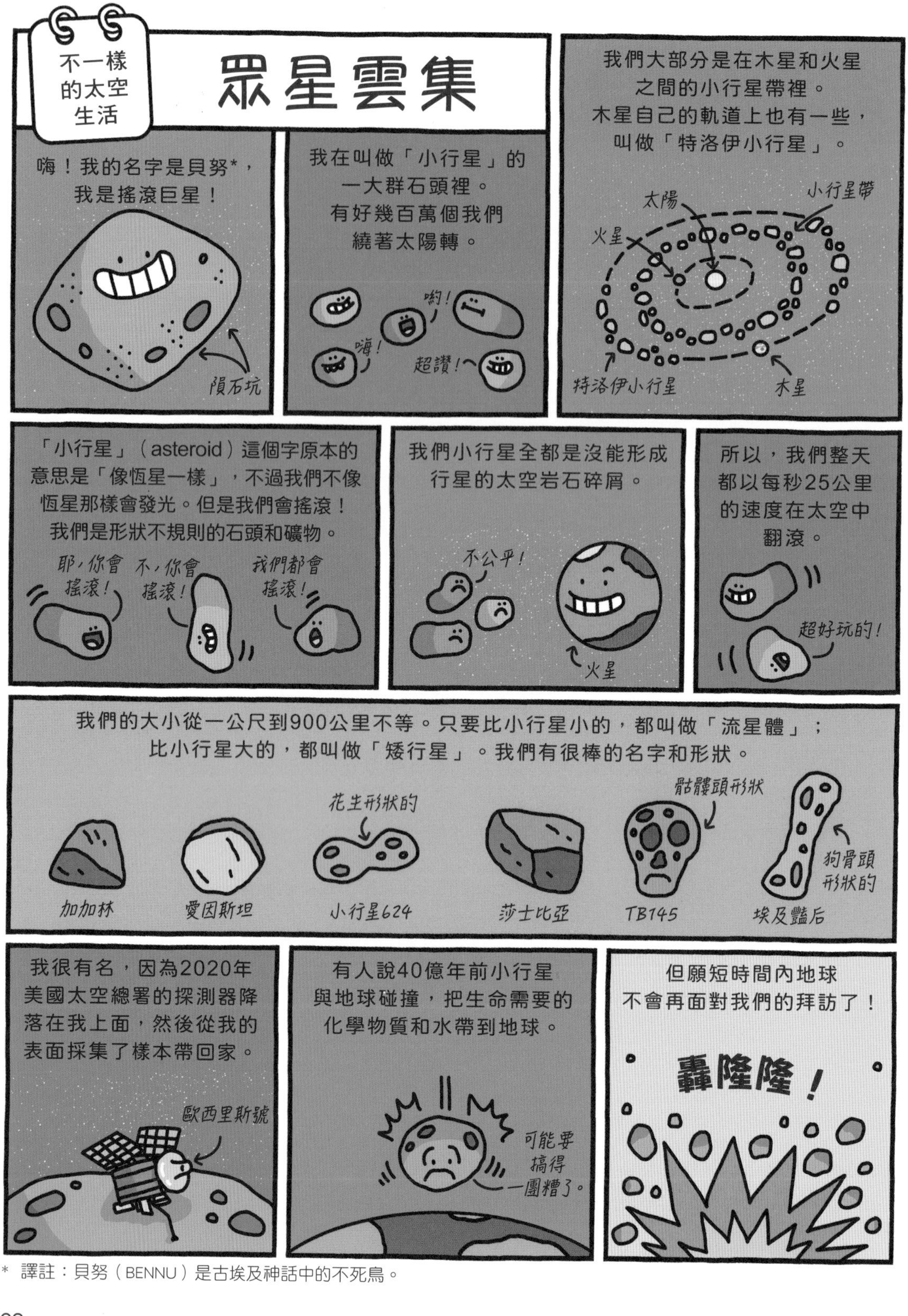
不一樣的太空生活
眾星雲集
嗨！我的名字是貝努*，我是搖滾巨星！
隕石坑
我在叫做「小行星」的一大群石頭裡。有好幾百萬個我們繞著太陽轉。
嗨！
喲！
超讚！
我們大部分是在木星和火星之間的小行星帶裡。木星自己的軌道上也有一些，叫做「特洛伊小行星」。
太陽
小行星帶
火星
特洛伊小行星
木星
「小行星」（asteroid）這個字原本的意思是「像恆星一樣」，不過我們不像恆星那樣會發光。但是我們會搖滾！我們是形狀不規則的石頭和礦物。
耶，你會搖滾！
不，你會搖滾！
我們都會搖滾！
我們小行星全都是沒能形成行星的太空岩石碎屑。
不公平！
火星
所以，我們整天都以每秒25公里的速度在太空中翻滾。
超好玩的！
我們的大小從一公尺到900公里不等。只要比小行星小的，都叫做「流星體」；比小行星大的，都叫做「矮行星」。我們有很棒的名字和形狀。
加加林
愛因斯坦
花生形狀的
小行星624
莎士比亞
骷髏頭形狀
TB145
狗骨頭形狀的
埃及豔后
我很有名，因為2020年美國太空總署的探測器降落在我上面，然後從我的表面採集了樣本帶回家。
歐西里斯號
有人說40億年前小行星與地球碰撞，把生命需要的化學物質和水帶到地球。
可能要搞得一團糟了。
但願短時間內地球不會再面對我們的拜訪了！
轟隆隆！

* 譯註：貝努（BENNU）是古埃及神話中的不死鳥。

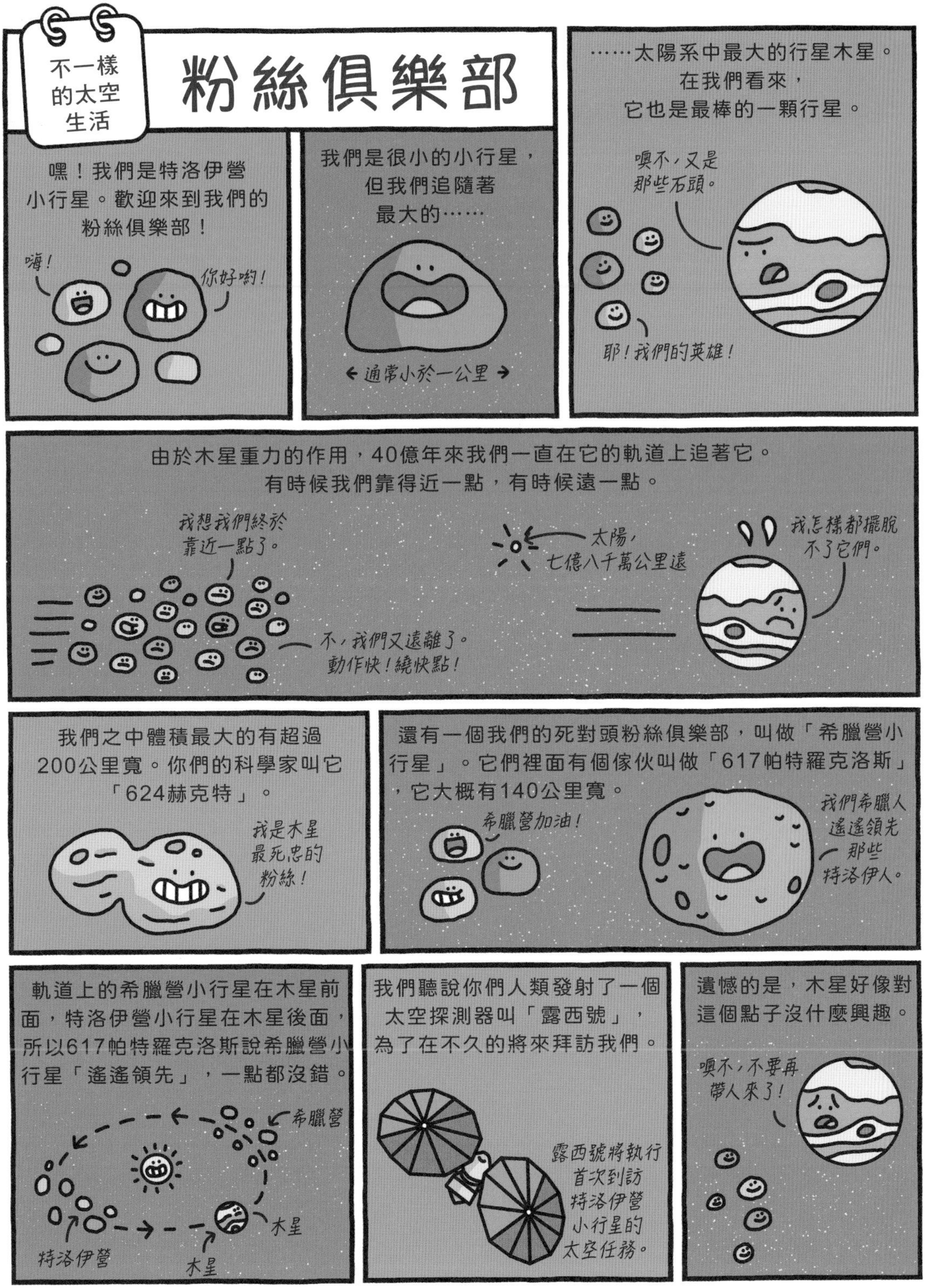

不一樣的太空生活
粉絲俱樂部
嘿！我們是特洛伊營小行星。歡迎來到我們的粉絲俱樂部！
嗨！
你好喲！
我們是很小的小行星，但我們追隨著最大的……
通常小於一公里
……太陽系中最大的行星木星。在我們看來，它也是最棒的一顆行星。
噢不，又是那些石頭。
耶！我們的英雄！
由於木星重力的作用，40億年來我們一直在它的軌道上追著它。有時候我們靠得近一點，有時候遠一點。
我想我們終於靠近一點了。
不，我們又遠離了。動作快！繞快點！
太陽，七億八千萬公里遠
我怎樣都擺脫不了它們。
我們之中體積最大的有超過200公里寬。你們的科學家叫它「624赫克特」。
我是木星最死忠的粉絲！
還有一個我們的死對頭粉絲俱樂部，叫做「希臘營小行星」。它們裡面有個傢伙叫做「617帕特羅克洛斯」，它大概有140公里寬。
希臘營加油！
我們希臘人遙遙領先那些特洛伊人。
軌道上的希臘營小行星在木星前面，特洛伊營小行星在木星後面，所以617帕特羅克洛斯說希臘營小行星「遙遙領先」，一點都沒錯。
希臘營
木星
特洛伊營
木星
我們聽說你們人類發射了一個太空探測器叫「露西號」，為了在不久的將來拜訪我們。
露西號將執行首次到訪特洛伊營小行星的太空任務。
遺憾的是，木星好像對這個點子沒什麼興趣。
噢不，不要再帶人來了！

行星風暴

的祕密日記

「諾姆」的日記，
這是木星表面的
一個巨大風暴
（也叫做「大紅斑」）。

在中間的就是我。嗨！

第1天

當大紅斑好有趣。我每天都「到風暴裡面」*（我是真的在裡面喲！），
這裡的一天只有地球的10小時，時間很短，
因為木星雖然是太陽系裡最大的行星，但它轉得很快。
而且我比地球還大（木星裡面可以裝一千個地球）。
事實上，木星比太陽系其他七個行星全部加起來還重兩倍多，
即使木星大部分是由氫氣組成——氫是最輕的元素。

第2天

又是旋風般的一天，
我在木星上方把我的風暴雲
轉得超快。
你在太空中可以看到
呈現棕色的「帶」
和呈現白色的「區」，
我就在這兩個地帶中間移動。
我要花木星上的14天
才能轉完一圈。
前進吧！

我在這裡！

* 譯註：原文GO DOWN A STORM這個英文片語，是「受人歡迎」的意思。

第3天

我想換換心情，所以今天我從磚紅色變成漂亮的鮭魚粉紅色

（有時候我也會變成灰色或白色）。

地球上沒人知道我變色的原因，我也不打算告訴他們。

畢竟這是祕密日記嘛！

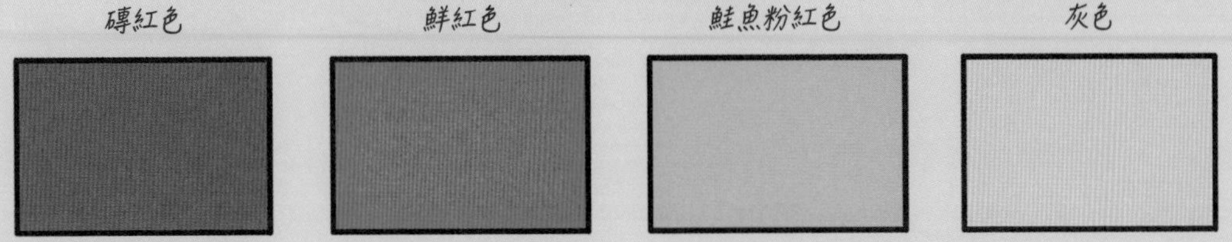

磚紅色
鮮紅色
鮭魚粉紅色
灰色

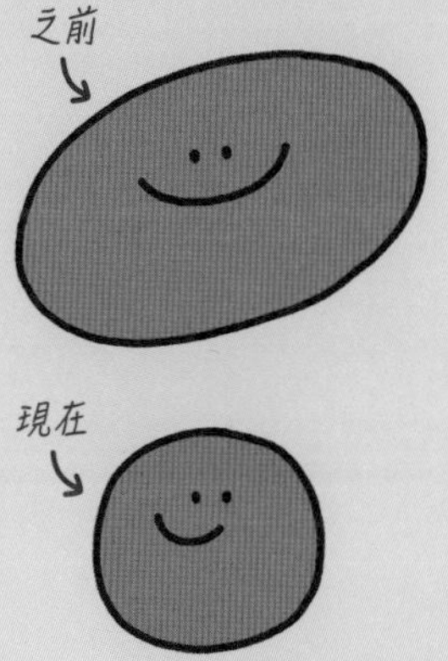

之前
現在

第4天

很難相信我已經狂飆了至少好幾世紀，

我可是太陽系裡年紀最大的風暴！

地球人第一次發現我這顆紅斑是在1830年代，

當時我比較像橢圓形。

現在，我比較小而且比較圓，

但我還是很棒！不過有時候我希望我能暖和一些。

今天木星的溫度是攝氏負140度，

因為我們離太陽太遠了。抖！

第14天

嗯，我又繞完木星一圈了。

比起繞太陽一圈要12個地球年的木星，

我算是很神速的。

不過因為木星實在很大，

我敢說從地球望去，

木星和我在夜空裡顯得非常明亮。

木星有95個衛星，

如果用望遠鏡或雙筒望遠鏡，

人們或許還能看見其中幾個。

總之，我要回去狂飆了。

祝福接下來的200年！

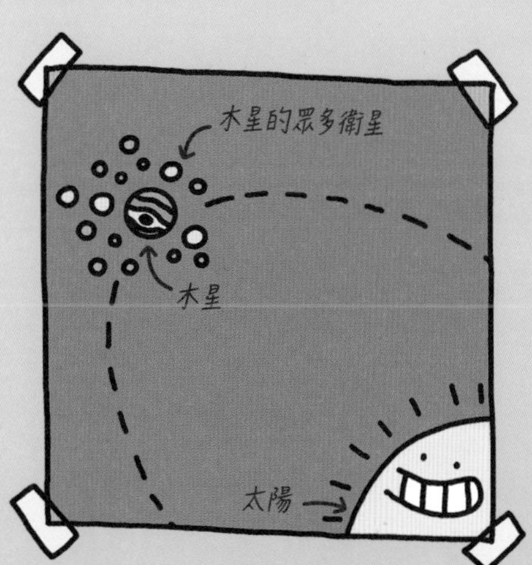

木星的眾多衛星
木星
太陽

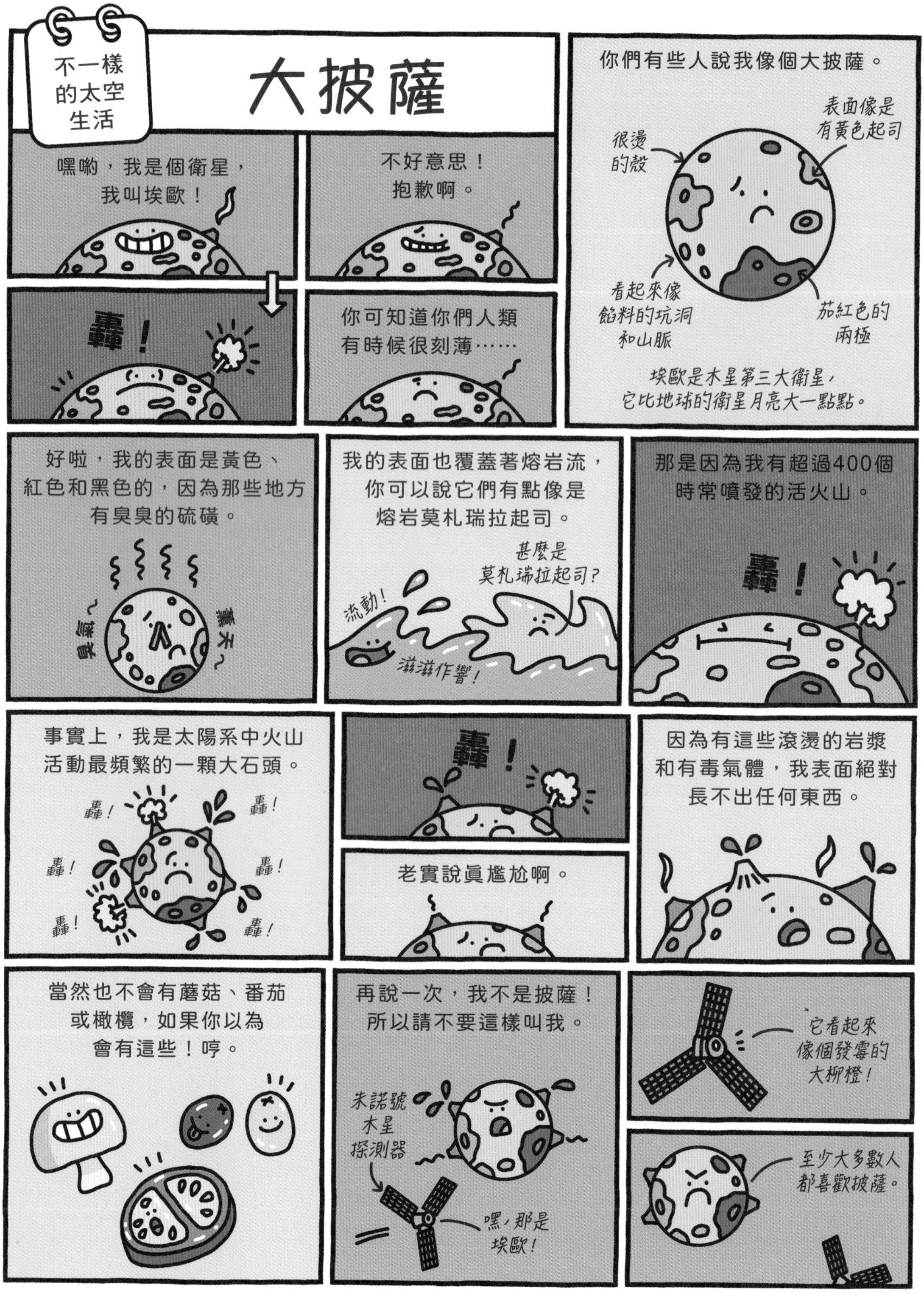
不一樣的太空生活
大披薩
嘿喲，我是個衛星，我叫埃歐！
不好意思！抱歉啊。
轟！
你可知道你們人類有時候很刻薄……
你們有些人說我像個大披薩。
很燙的殼
表面像是有黃色起司
看起來像餡料的坑洞和山脈
茄紅色的兩極
埃歐是木星第三大衛星，它比地球的衛星月亮大一點點。
好啦，我的表面是黃色、紅色和黑色的，因為那些地方有臭臭的硫磺。
我的表面也覆蓋著熔岩流，你可以說它們有點像是熔岩莫札瑞拉起司。
甚麼是莫札瑞拉起司？
流動！
滋滋作響！
那是因為我有超過400個時常噴發的活火山。
轟！
事實上，我是太陽系中火山活動最頻繁的一顆大石頭。
轟！
轟！
轟！
轟！
轟！
轟！
轟！
老實說真尷尬啊。
因為有這些滾燙的岩漿和有毒氣體，我表面絕對長不出任何東西。
當然也不會有蘑菇、番茄或橄欖，如果你以為會有這些！哼。
再說一次，我不是披薩！所以請不要這樣叫我。
朱諾號木星探測器
嘿，那是埃歐！
它看起來像個發霉的大柳橙！
至少大多數人都喜歡披薩。

深入太空

衛星狂

木星的重力大到至少有95個衛星被拉進它的軌道。
其中四個最大的衛星(蓋尼米德、卡利斯多、埃歐和歐羅巴)
叫做「伽利略衛星」,
因為義大利天文學家伽利略·伽利萊在西元1610年發現了它們。
這四顆衛星非常大,大到你只要在晚上自己拿雙筒望遠鏡就能看見它們了!

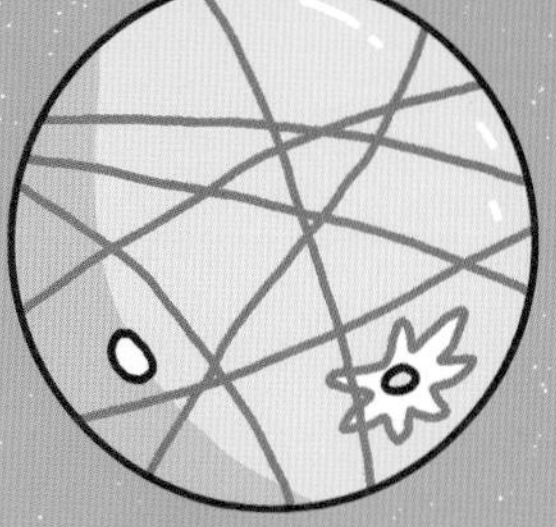

冰之少女

據推測,在歐羅巴的冰殼
底下是一片汪洋,
它的水比地球的海洋還多。
這片海洋裡有沒有生命呢?

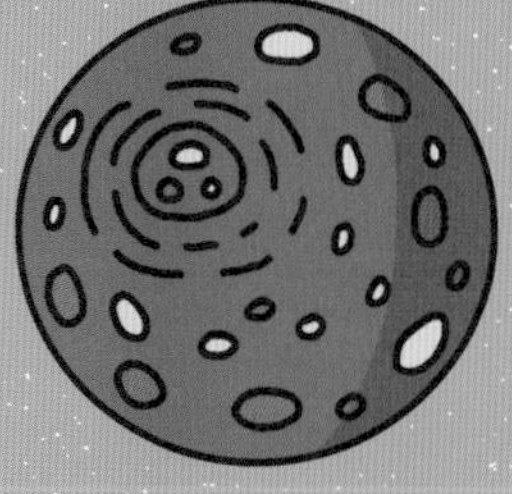

被打得滿頭包

卡利斯多長年遭到
許多隕石轟炸,
因此現在它是太陽系中
有最多隕石坑的物體。

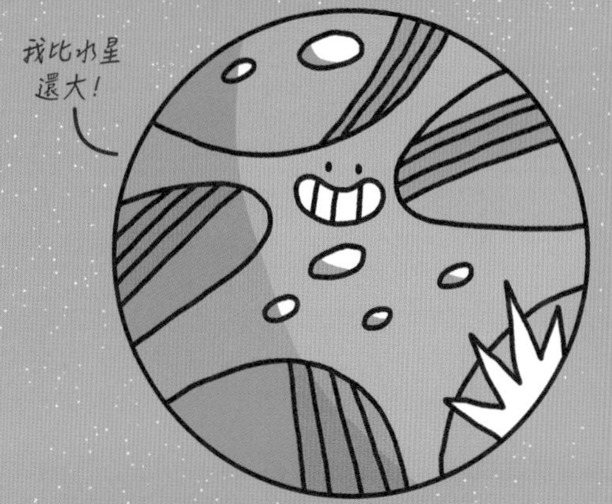
我比水星
還大!

木星的囚犯

蓋尼米德是太陽系中最大的衛星。
它大到可以自成一個行星,
但是它已經繞著一個行星轉
(而不是繞著太陽轉),
因此擺脫不了衛星的地位。

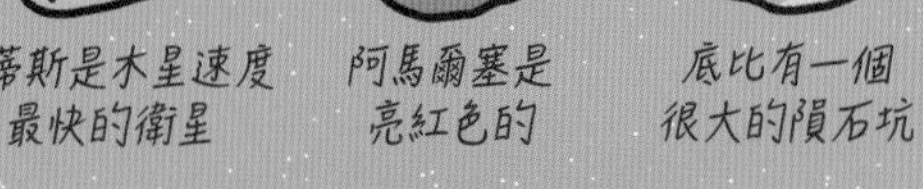

梅蒂斯是木星速度最快的衛星

阿馬爾塞是亮紅色的

底比有一個很大的隕石坑

迷你衛星

木星的衛星太多了,
有些比較小的衛星根本還沒取名字。

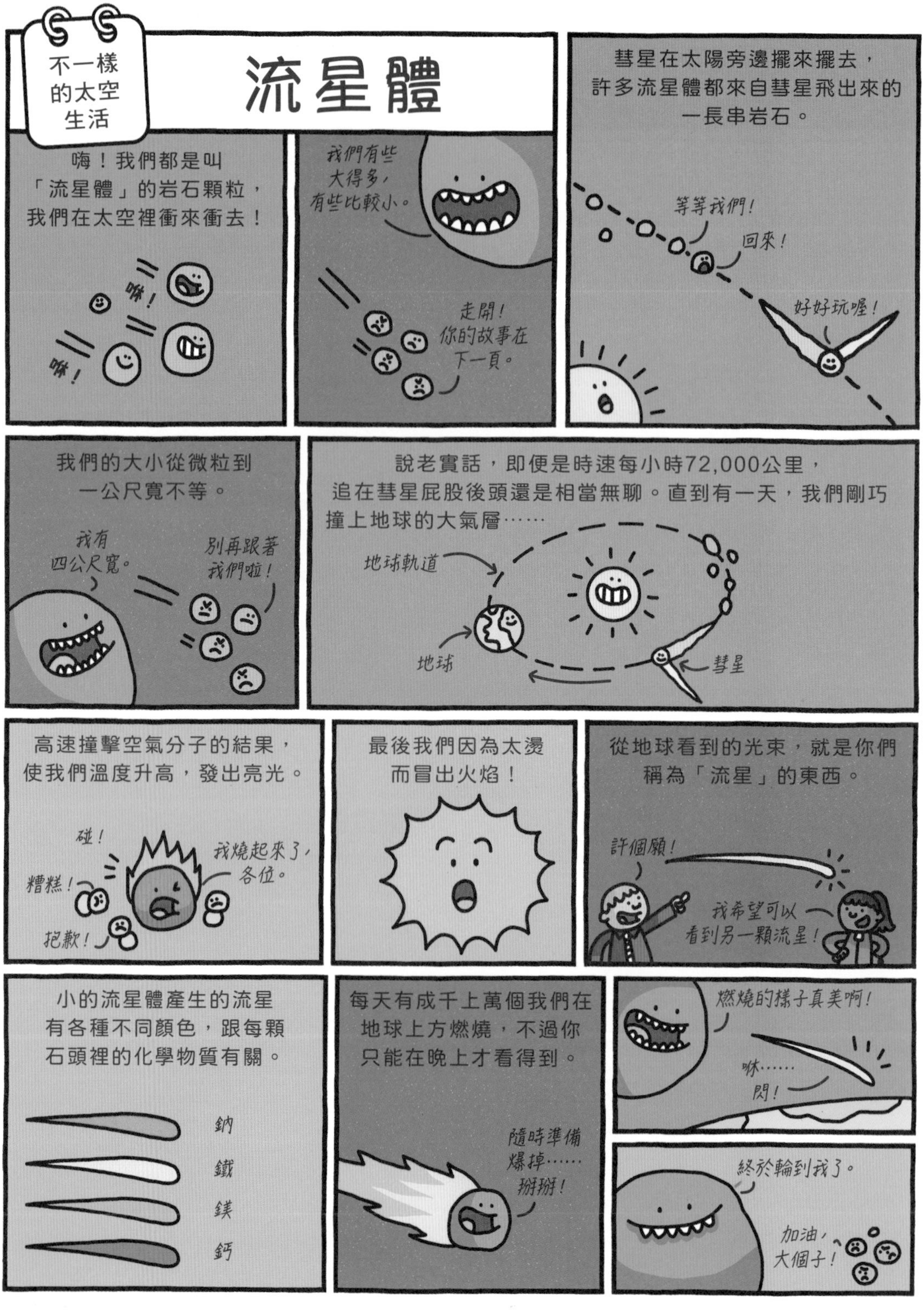
不一樣的太空生活
流星體
嗨！我們都是叫「流星體」的岩石顆粒，我們在太空裡衝來衝去！
咻！
咻！
我們有些大得多，有些比較小。
走開！你的故事在下一頁。
彗星在太陽旁邊擺來擺去，許多流星體都來自彗星飛出來的一長串岩石。
等等我們！
回來！
好好玩喔！
我們的大小從微粒到一公尺寬不等。
我有四公尺寬。
別再跟著我們啦！
說老實話，即便是時速每小時72,000公里，追在彗星屁股後頭還是相當無聊。直到有一天，我們剛巧撞上地球的大氣層……
地球軌道
地球
彗星
高速撞擊空氣分子的結果，使我們溫度升高，發出亮光。
碰！
糟糕！
我燒起來了，各位。
抱歉！
最後我們因為太燙而冒出火焰！
從地球看到的光束，就是你們稱為「流星」的東西。
許個願！
我希望可以看到另一顆流星！
小的流星體產生的流星有各種不同顏色，跟每顆石頭裡的化學物質有關。
鈉
鐵
鎂
鈣
每天有成千上萬個我們在地球上方燃燒，不過你只能在晚上才看得到。
隨時準備爆掉……掰掰！
燃燒的樣子真美啊！
咻……
閃！
終於輪到我了。
加油，大個子！

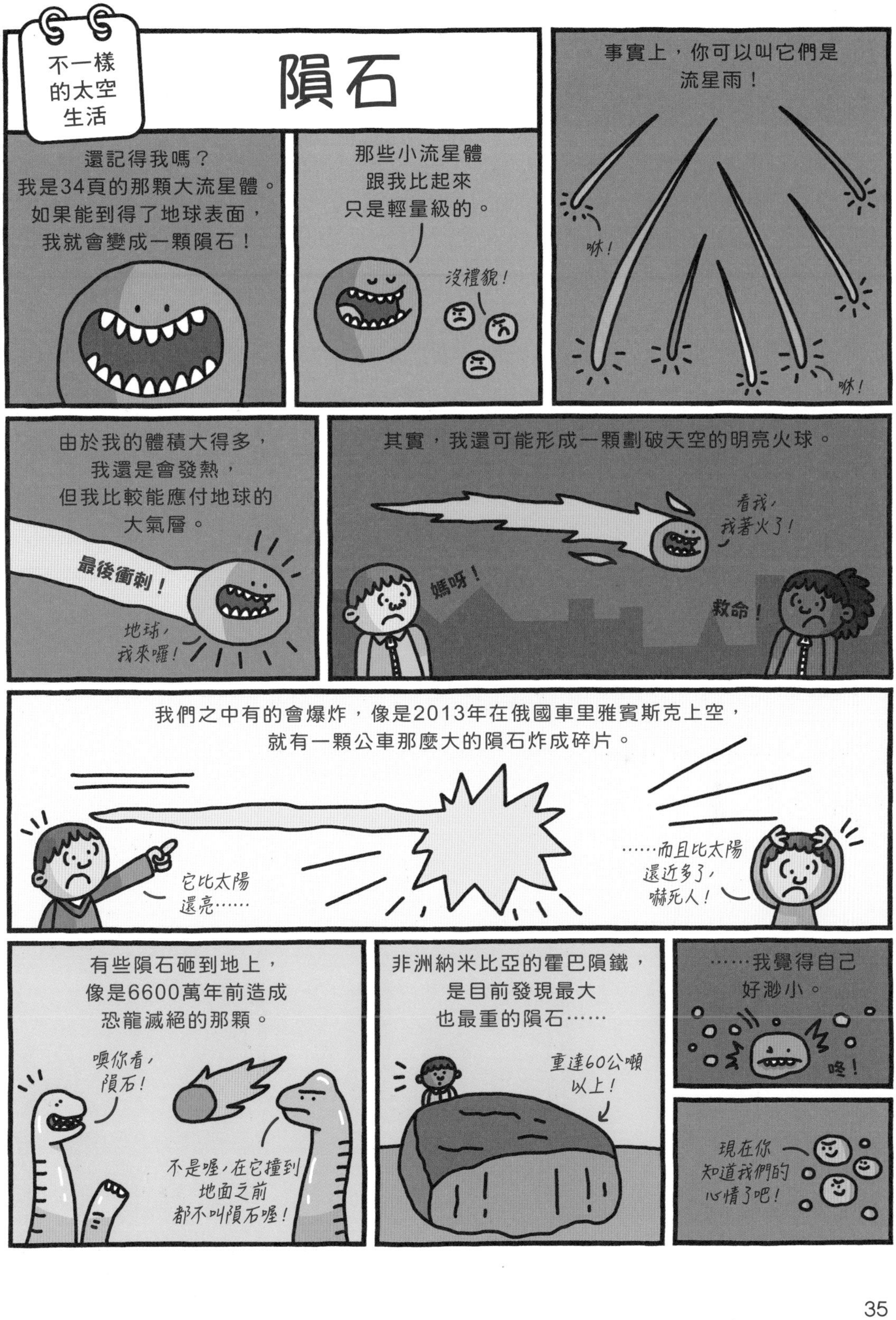

不一樣的太空生活
隕石
還記得我嗎？我是34頁的那顆大流星體。如果能到得了地球表面，我就會變成一顆隕石！
那些小流星體跟我比起來只是輕量級的。
沒禮貌！
事實上，你可以叫它們是流星雨！
咻！
咻！
由於我的體積大得多，我還是會發熱，但我比較能應付地球的大氣層。
最後衝刺！
地球，我來囉！
其實，我還可能形成一顆劃破天空的明亮火球。
看我，我著火了！
媽呀！
救命！
我們之中有的會爆炸，像是2013年在俄國車里雅賓斯克上空，就有一顆公車那麼大的隕石炸成碎片。
它比太陽還亮……
……而且比太陽還近多了，嚇死人！
有些隕石砸到地上，像是6600萬年前造成恐龍滅絕的那顆。
噢你看，隕石！
不是喔，在它撞到地面之前都不叫隕石喔！
非洲納米比亞的霍巴隕鐵，是目前發現最大也最重的隕石……
重達60公噸以上！
……我覺得自己好渺小。
咚！
現在你知道我們的心情了吧！

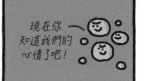

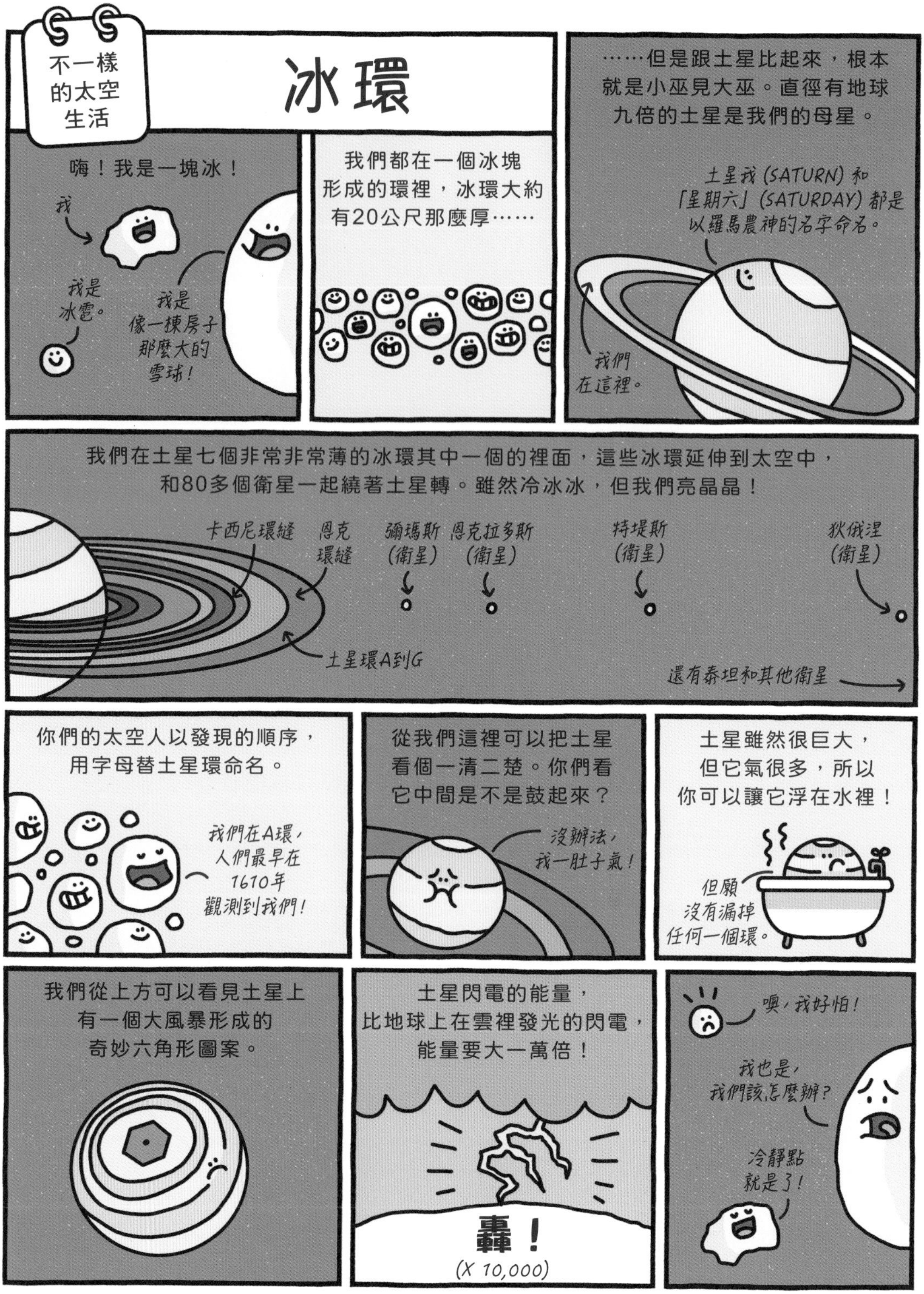
不一樣的太空生活
冰環
嗨！我是一塊冰！
我
我是冰雹。
我是像一棟房子那麼大的雪球！
我們都在一個冰塊形成的環裡，冰環大約有20公尺那麼厚……
……但是跟土星比起來，根本就是小巫見大巫。直徑有地球九倍的土星是我們的母星。
土星我（SATURN）和「星期六」（SATURDAY）都是以羅馬農神的名字命名。
我們在這裡。
我們在土星七個非常非常薄的冰環其中一個的裡面，這些冰環延伸到太空中，和80多個衛星一起繞著土星轉。雖然冷冰冰，但我們亮晶晶！
卡西尼環縫
恩克環縫
彌瑪斯（衛星）
恩克拉多斯（衛星）
特提斯（衛星）
狄俄涅（衛星）
土星環A到G
還有泰坦和其他衛星
你們的太空人以發現的順序，用字母替土星環命名。
我們在A環，人們最早在1610年觀測到我們！
從我們這裡可以把土星看個一清二楚。你們看它中間是不是鼓起來？
沒辦法，我一肚子氣！
土星雖然很巨大，但它氣很多，所以你可以讓它浮在水裡！
但願沒有漏掉任何一個環。
我們從上方可以看見土星上有一個大風暴形成的奇妙六角形圖案。
土星閃電的能量，比地球上在雲裡發光的閃電，能量要大一萬倍！
轟！
(X 10,000)
噢，我好怕！
我也是，我們該怎麼辦？
冷靜點就是了！

深入太空

好多衛星

土星目前已知的衛星有146多個，
此外還有許多更小的「小衛星」。
很多衛星都還沒有名字，
而有些衛星卻是太陽系中最有意思的星體，
例如以下的五個：

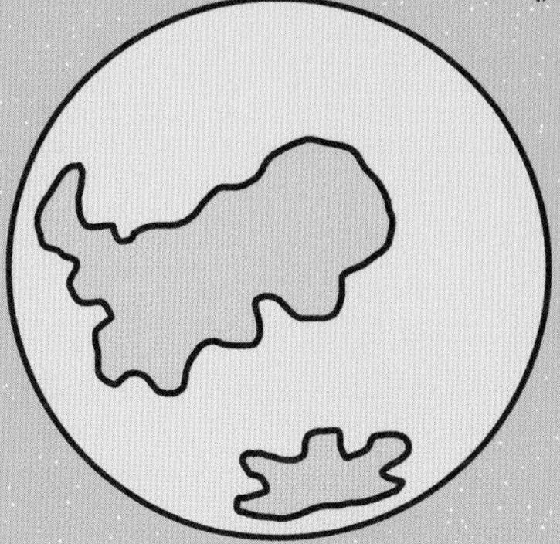

巨無霸！

泰坦是土星最大的衛星。
它甚至比水星還大！
泰坦佔了繞土星運行物體質量的96%
它的表殼底下可能隱藏著鹹水海洋。
這海洋中會不會有生命呢？

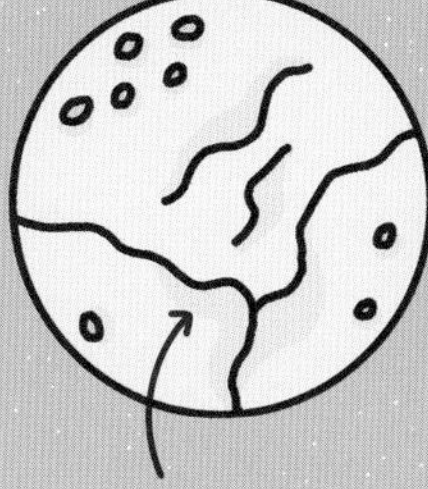
恩克拉多斯
南極區的裂縫，
綽號是「虎班」。

閃亮亮

由於表面覆蓋著冰，
恩克拉多斯是太陽系中
最閃亮的天體。
有人認為冰的下方
也藏著一片海洋。

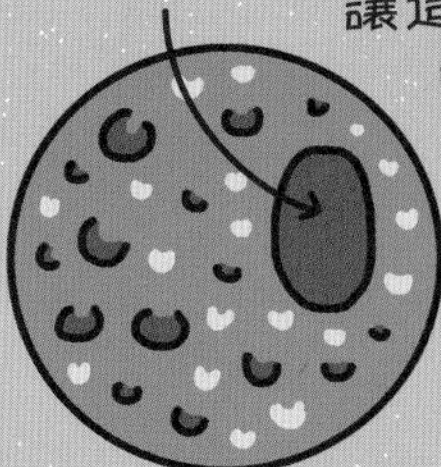
赫歇爾
隕石坑

死星的原型？

彌瑪斯上面有個大坑，
讓這顆衛星看起來很像
電影《星際大戰》裡
的死星，不過這個坑
是在《星際大戰》
上映後三年
才發現的。

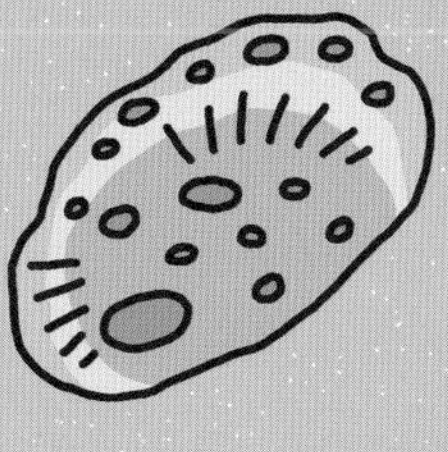

暴走

亥伯龍是個
坑坑疤疤的衛星，
長得像洗澡用的海綿。
它以搖搖晃晃的
奇怪姿勢繞行土星，
因此出了名。

好棒棒的潘

潘是個小的
「牧羊衛星」，
這種衛星的軌道
運行能讓A環裡的
冰塊維持環形。

深入太空

特立獨行的旋轉方式

天王星是個巨大的冰球，也是太陽系中唯一側著轉的行星。
我們用肉眼就能看見它，不過也只是勉強看到而已！

它怎麼這麼藍？

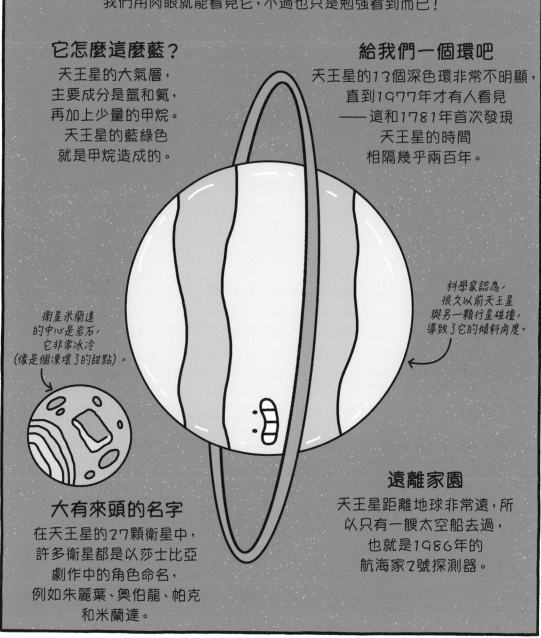

天王星的大氣層，
主要成分是氫和氦，
再加上少量的甲烷。
天王星的藍綠色
就是甲烷造成的。

給我們一個環吧

天王星的13個深色環非常不明顯，
直到1977年才有人看見
——這和1781年首次發現
天王星的時間
相隔幾乎兩百年。

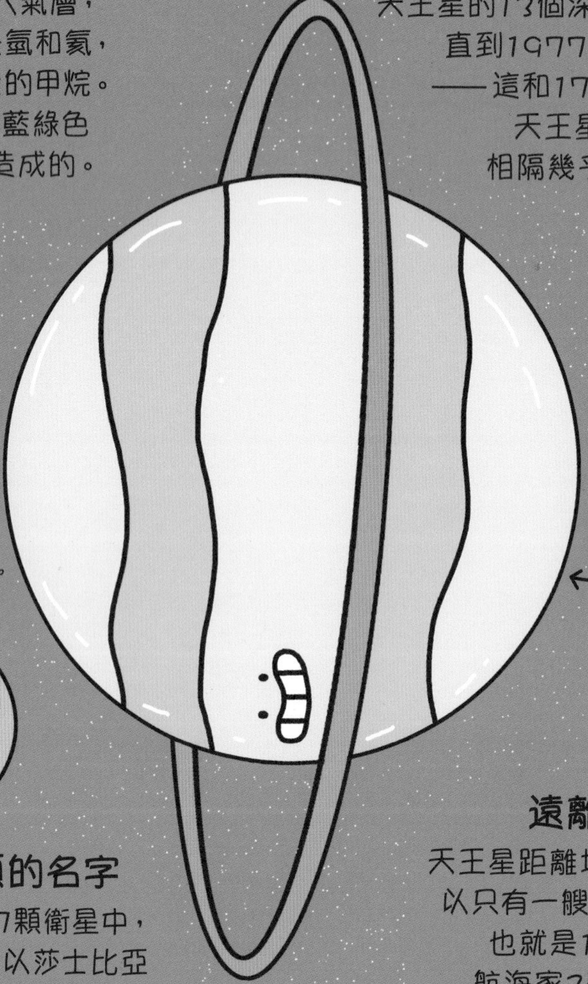
科學家認為，
很久以前天王星
與另一顆行星碰撞，
導致了它的傾斜角度。

衛星米蘭達
的中心是岩石，
它非常冰冷
(像是個凍壞了的甜點)。

遠離家園

天王星距離地球非常遠，所
以只有一艘太空船去過，
也就是1986年的
航海家2號探測器。

大有來頭的名字

在天王星的27顆衛星中，
許多衛星都是以莎士比亞
劇作中的角色命名，
例如朱麗葉、奧伯龍、帕克
和米蘭達。

寂寞星球

距離太陽45億公里的海王星，是太陽系第八顆也是最遠的一顆行星。這個冰巨人的運行軌道極大，公轉一圈要花地球的165年。海王星和太陽距離遙遠，因此它是太陽系中最寒冷的行星，大約是攝氏負200度。

它也很藍

海王星和天王星一樣，大氣層裡含有甲烷，使它看起來是詭異的藍色。

嘩啦啦！

黑色噴泉

海王星至少有14個衛星。最大的衛星海衛一上面有巨大的間歇泉，會噴出攝氏負235度的冰冷黑色物質。

海王星有幾個
很薄的環，
由暗色塵埃構成。

風暴警告

海王星上吹著太陽系中速度最快的風，風速是每秒2,000公里。1989年在海王星上發現的「大暗斑」，是一個和地球一樣大的風暴。

開始想你了

我們對海王星的知識大多來自航海家2號探測器，它在1989年經過海王星，然後就永遠離開太陽系，無影無蹤了。

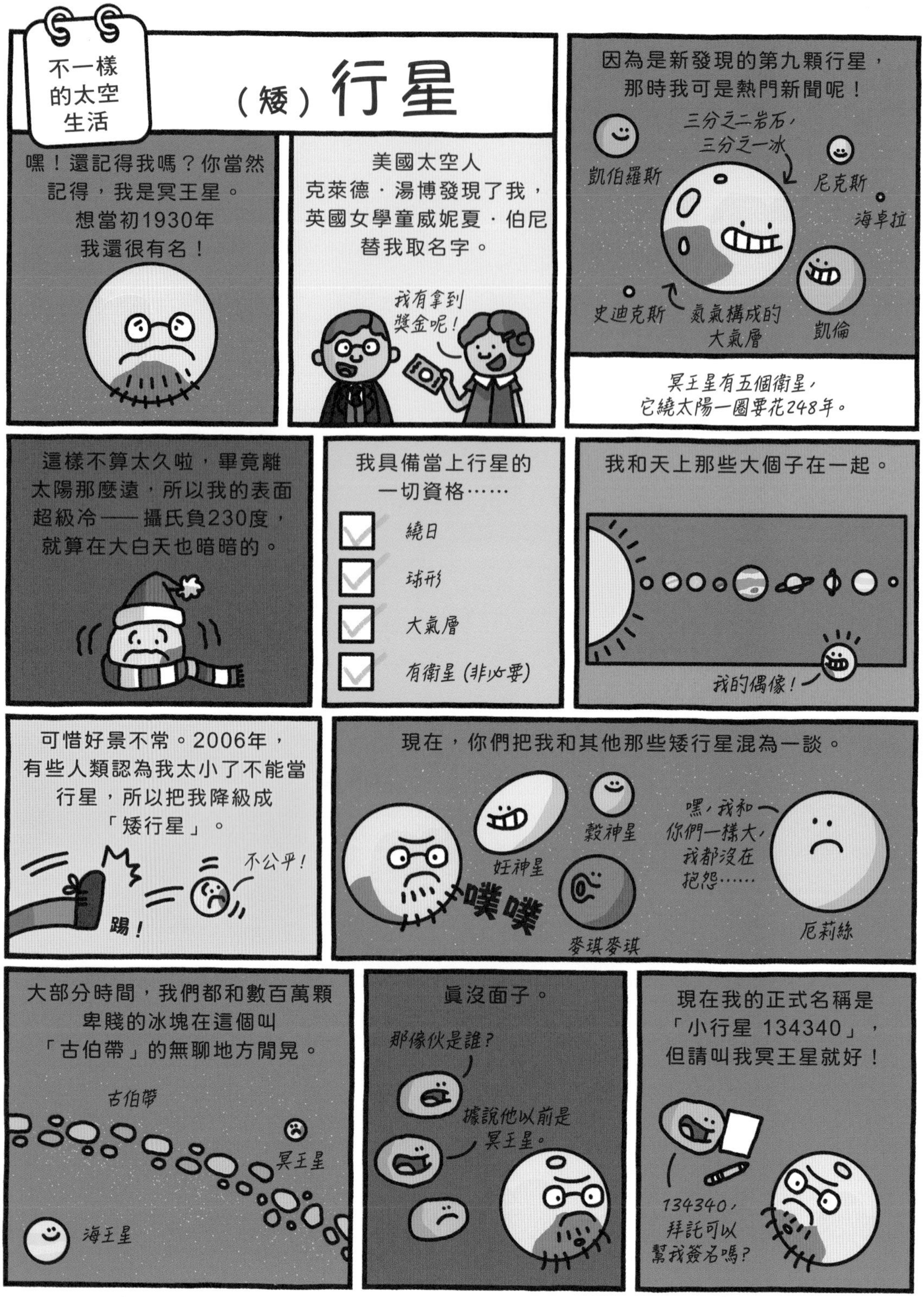
不一樣的太空生活
（矮）行星
嘿！還記得我嗎？你當然記得，我是冥王星。想當初1930年我還很有名！
美國太空人克萊德．湯博發現了我，英國女學童威妮夏．伯尼替我取名字。
我有拿到獎金呢！
因為是新發現的第九顆行星，那時我可是熱門新聞呢！
三分之二岩石，三分之一冰
凱伯羅斯
尼克斯
海卓拉
史迪克斯
氮氣構成的大氣層
凱倫
冥王星有五個衛星，它繞太陽一圈要花248年。
這樣不算太久啦，畢竟離太陽那麼遠，所以我的表面超級冷——攝氏負230度，就算在大白天也暗暗的。
我具備當上行星的一切資格……
繞日
球形
大氣層
有衛星（非必要）
我和天上那些大個子在一起。
我的偶像！
可惜好景不常。2006年，有些人類認為我太小了不能當行星，所以把我降級成「矮行星」。
不公平！
踢！
現在，你們把我和其他那些矮行星混為一談。
妊神星
穀神星
噗噗
鳥神星
嘿，我和你們一樣大，我都沒在抱怨……
厄莉絲
大部分時間，我們都和數百萬顆卑賤的冰塊在這個叫「古伯帶」的無聊地方閒晃。
古伯帶
冥王星
海王星
真沒面子。
那傢伙是誰？
據說他以前是冥王星。
現在我的正式名稱是「小行星 134340」，但請叫我冥王星就好！
134340，拜託可以幫我簽名嗎？

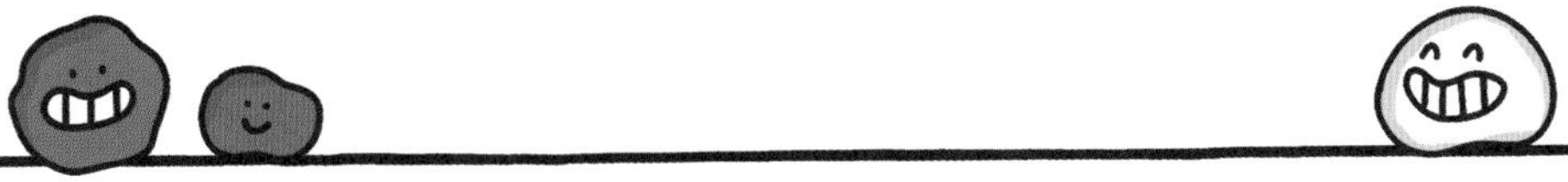

外太空

出了太陽系，你會發現彗星和星座，星雲和中子星，還有宇宙中大部分最大的謎團。

雖然有了太空探測器和望遠鏡，人類對於外太空的知識還是漏洞百出——外太空可是有著許多把靠近的一切全吸進去的黑洞。

可以的話找個東西抓緊……你要進去囉！

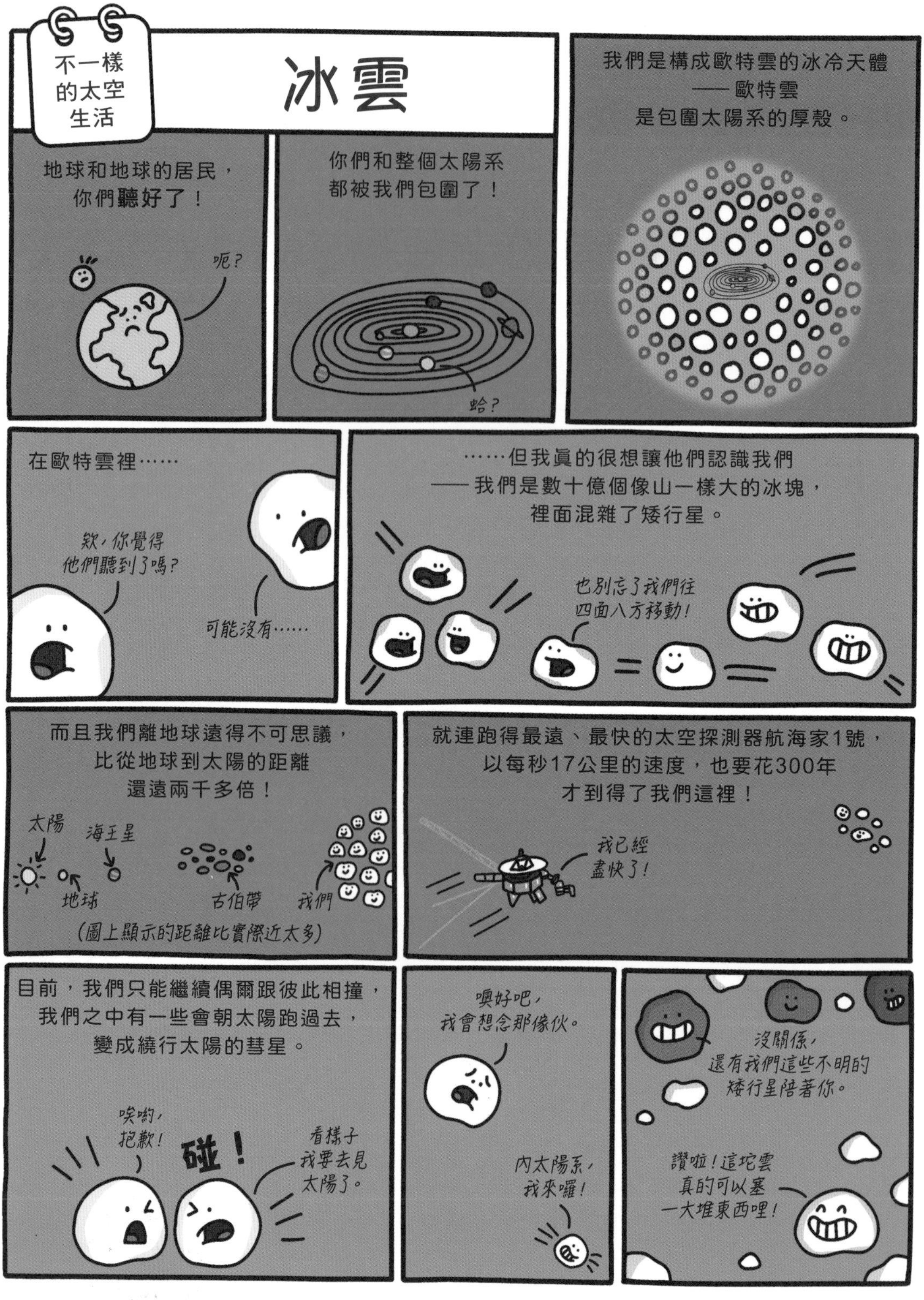
不一樣的太空生活
冰雲
地球和地球的居民，你們聽好了！
呃？
你們和整個太陽系都被我們包圍了！
蛤？
我們是構成歐特雲的冰冷天體——歐特雲是包圍太陽系的厚殼。
在歐特雲裡……
欸，你覺得他們聽到了嗎？
可能沒有……
……但我真的很想讓他們認識我們——我們是數十億個像山一樣大的冰塊，裡面混雜了矮行星。
也別忘了我們往四面八方移動！
而且我們離地球遠得不可思議，比從地球到太陽的距離還遠兩千多倍！
太陽
海王星
地球
古柏帶
我們
(圖上顯示的距離比實際近太多)
就連跑得最遠、最快的太空探測器航海家1號，以每秒17公里的速度，也要花300年才到得了我們這裡！
我已經盡快了！
目前，我們只能繼續偶爾跟彼此相撞，我們之中有一些會朝太陽跑過去，變成繞行太陽的彗星。
唉喲，抱歉！
碰！
看樣子我要去見太陽了。
噢好吧，我會想念那傢伙。
內太陽系，我來囉！
沒關係，還有我們這些不明的矮行星陪著你。
讚啦！這坨雲真的可以塞一大堆東西哩！

深入太空	# 會飛的雪球

古時候的人們認為劃過空中的彗星很神祕又很可怕。
今天我們知道彗星只是髒兮兮的巨大雪球，
在太陽系形成時由結凍的氣體、岩石和灰塵組成。
如果軌道把彗星帶到離太陽夠近的地方，它就會長出一條「尾巴」，
亮得可以從地球上看到，即使是白天也能看得很清楚！

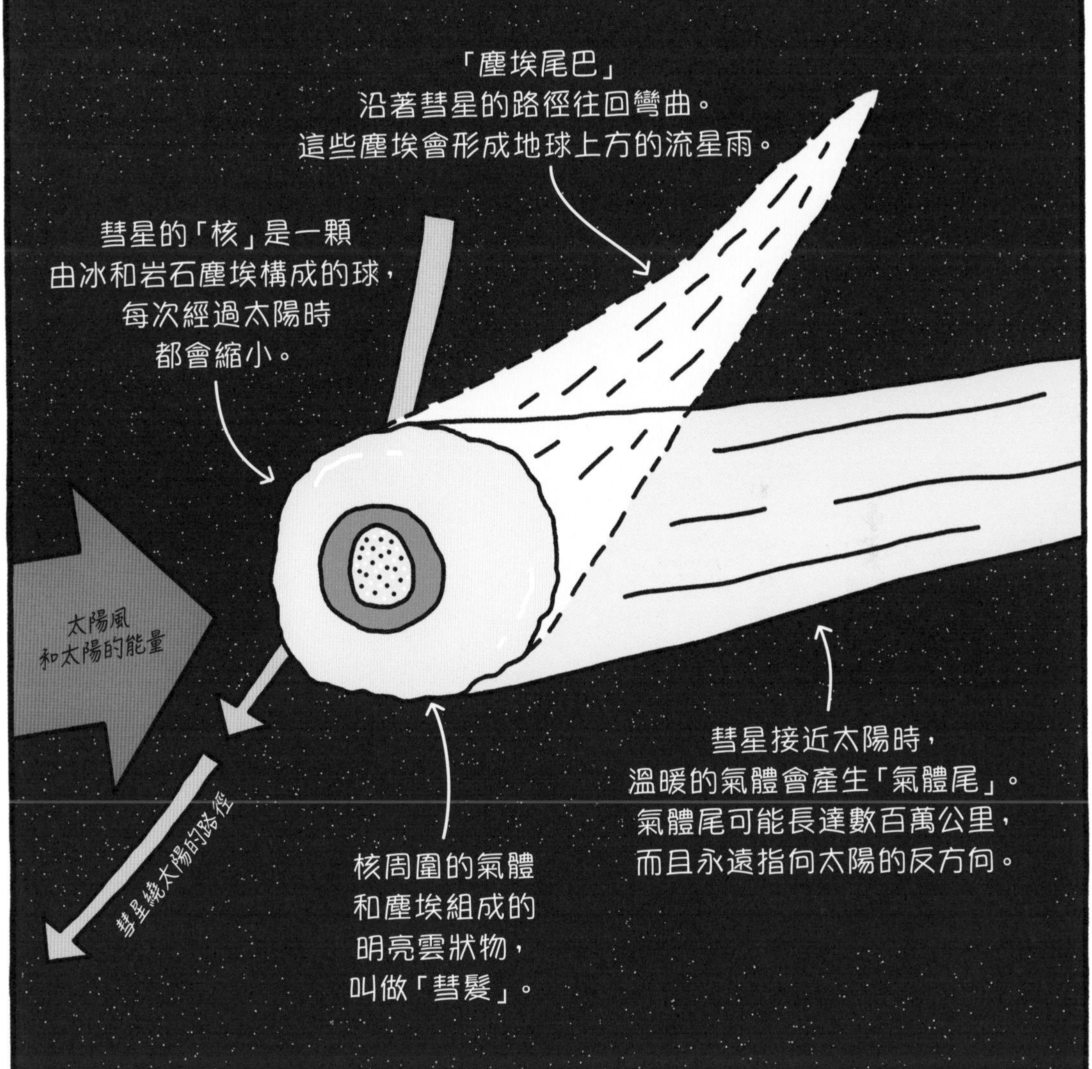

「塵埃尾巴」
沿著彗星的路徑往回彎曲。
這些塵埃會形成地球上方的流星雨。
彗星的「核」是一顆
由冰和岩石塵埃構成的球，
每次經過太陽時
都會縮小。
太陽風
和太陽的能量
彗星繞太陽的路徑
核周圍的氣體
和塵埃組成的
明亮雲狀物，
叫做「彗髮」。
彗星接近太陽時，
溫暖的氣體會產生「氣體尾」。
氣體尾可能長達數百萬公里，
而且永遠指向太陽的反方向。

掃把星
的祕密日記

摘自地球上每隔75-76年
才會看見的一顆彗星*
「哈雷」的日記。

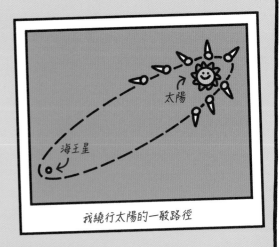

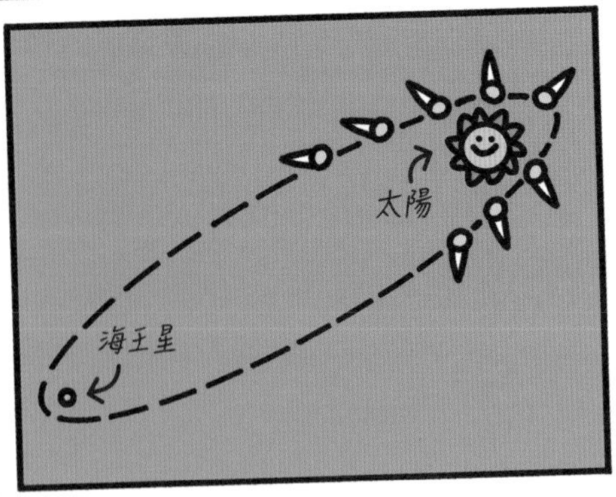

太陽
海王星

我繞行太陽的一般路徑

1066年2月

嗯，經過了幾千年甩到了海王星外側的太空中，
然後又回到太陽周圍的日子，我決定寫日記。
叫人難過的是，地球上有些人認為，
在我靠近地球的時候看到我，是個惡兆。
英格蘭的新國王哈洛德準備迎戰諾曼第公爵威廉入侵時，
他看到了我，因此難過的要死。
那等我至少75年後回來時，我再看看怎麼回事。

1222年9月

糟糕！我好像漏寫了一次日記，
但我可以告訴你哈洛德打了敗仗。
不過對我來說卻是件好事。
威廉當上國王，成為威廉一世，
我被織在一張叫「拜約掛毯」的
美麗藝術品上。
在圖畫中，我剛好經過哈洛德頭頂上！
那豈不是很棒嗎？
不過我只希望底下的人
可以不要再叫我「掃把星」了。

* 見第43頁

1759年5月

至少有人幫我取了個體面的名字！
幾年前，一位叫愛德蒙·哈雷的
聰明英國天文學家發現，
我就是大約每75-76年
經過地球的那顆「掃把星」。
因此，人們以他的名字為我命名，
現在大家叫我「哈雷彗星」。

愛德蒙·哈雷

1910年4月

那些地球人瘋了！
這次他們發現他們的星球
會穿越我的尾巴
（好吧，因為它有4800萬公里長！），
有些人擔心我會毒死他們！
有人甚至還去買防毒面罩
和「抗彗星」藥丸還有雨傘。
如果他們這樣想，
我不確定這星球是否值得我再回來。

注意下面！

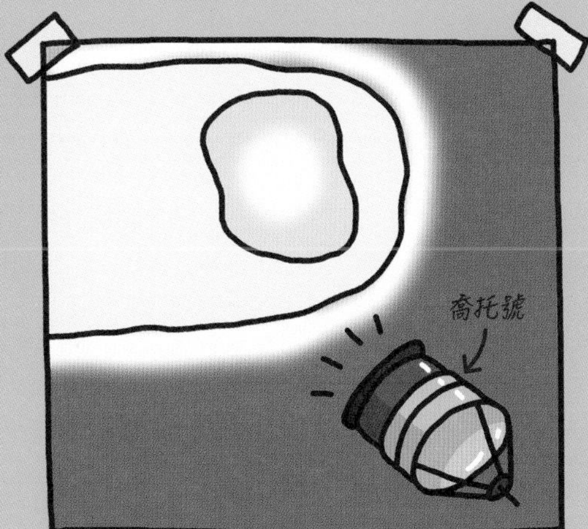
喬托號

1986年3月

哇！好個盛大的歡迎會！
這次有一支由日本、歐洲、美國、
蘇聯和其他國家組成的太空船艦隊
來拜訪我。
一艘叫喬托號的探測器，
顯示出我的核是一個
約15公里長的花生形狀團塊，
所以現在他們叫我「髒雪球」。
我想我還是比較喜歡「掃把星」。
暫時跟大家說再見囉，2061年見！

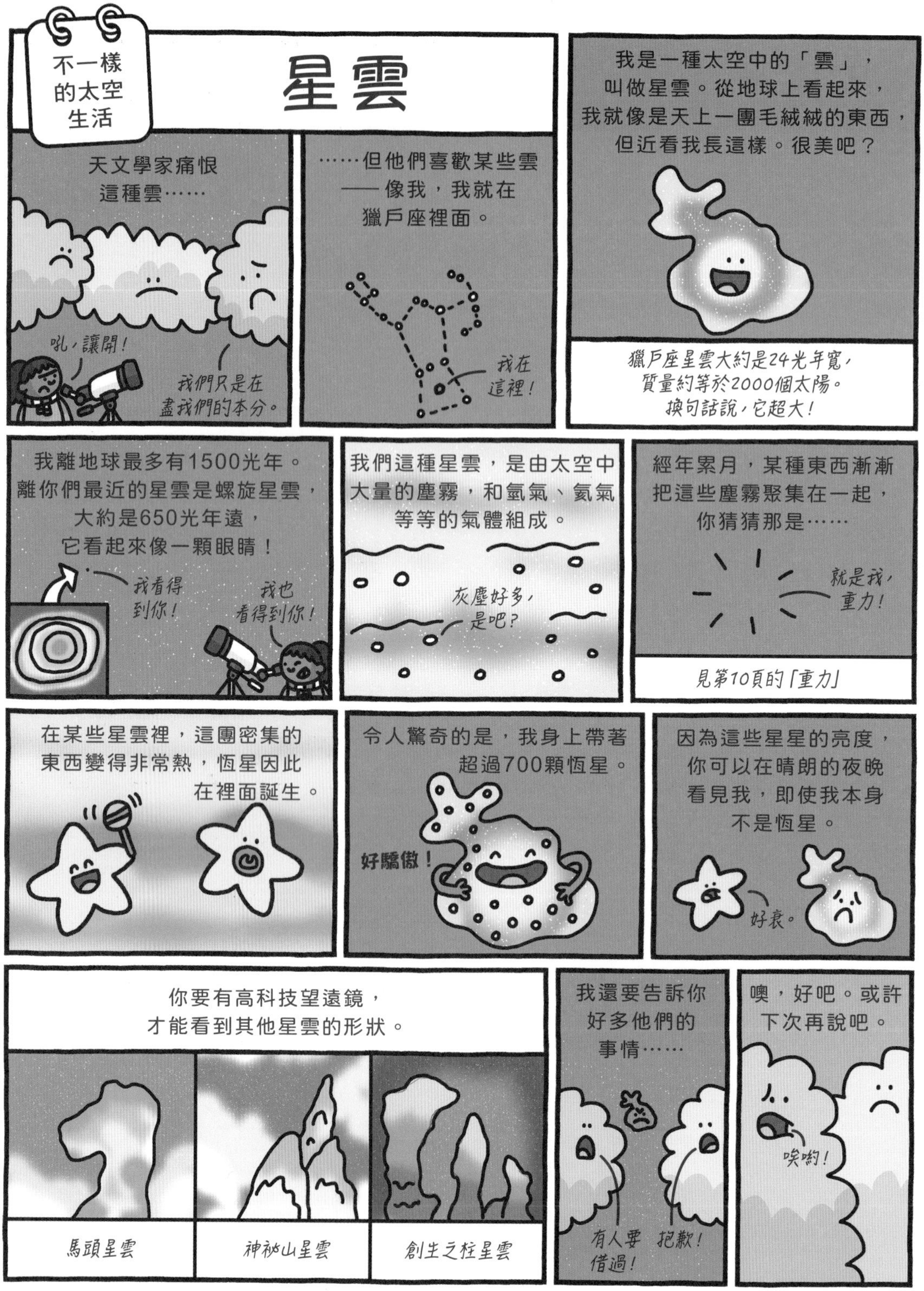

不一樣的太空生活
星雲
天文學家痛恨這種雲……
吼，讓開！
我們只是在盡我們的本分。
……但他們喜歡某些雲──像我，我就在獵戶座裡面。
我在這裡！
我是一種太空中的「雲」，叫做星雲。從地球上看起來，我就像是天上一團毛絨絨的東西，但近看我長這樣。很美吧？
獵戶座星雲大約是24光年寬，質量約等於2000個太陽。換句話說，它超大！
我離地球最多有1500光年。離你們最近的星雲是螺旋星雲，大約是650光年遠，它看起來像一顆眼睛！
我看得到你！
我也看得到你！
我們這種星雲，是由太空中大量的塵霧，和氫氣、氦氣等等的氣體組成。
灰塵好多，是吧？
經年累月，某種東西漸漸把這些塵霧聚集在一起，你猜猜那是……
就是我，重力！
見第10頁的「重力」
在某些星雲裡，這團密集的東西變得非常熱，恆星因此在裡面誕生。
令人驚奇的是，我身上帶著超過700顆恆星。
好驕傲！
因為這些星星的亮度，你可以在晴朗的夜晚看見我，即使我本身不是恆星。
好衰。
你要有高科技望遠鏡，才能看到其他星雲的形狀。
馬頭星雲
神祕山星雲
創生之柱星雲
我還要告訴你好多他們的事情……
有人要借過！
抱歉！
噢，好吧。或許下次再說吧。
唉喲！

奇形怪狀的星雲

星雲是宇宙間最複雜也最美麗的結構。
哈伯太空望遠鏡（見第98頁）已經觀察到幾百個星雲。
以下是其中幾個最美妙而怪異的星雲：

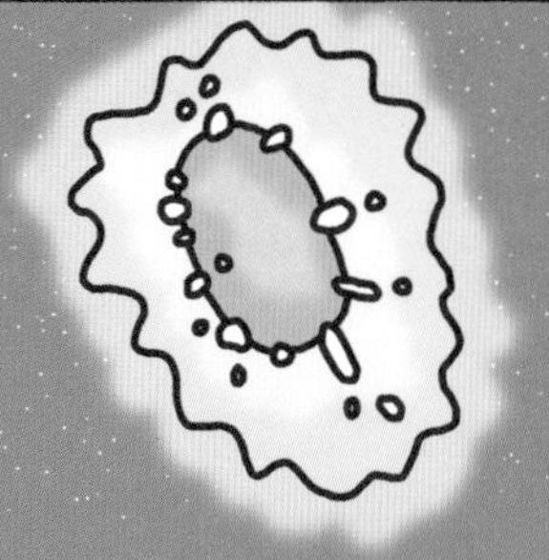

項鍊星雲，
離地球15,000光年。

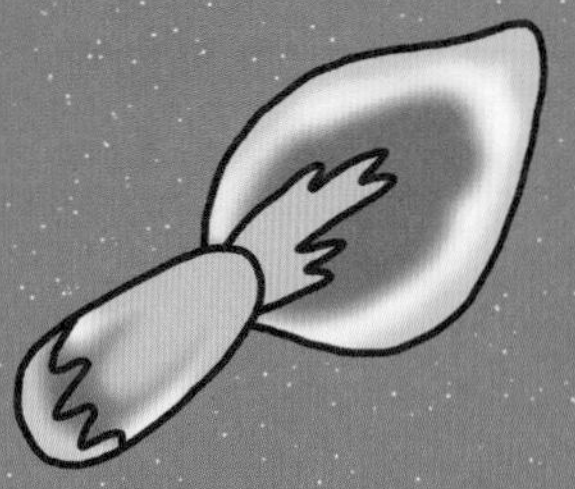

臭雞蛋星雲，
離地球5,000光年。

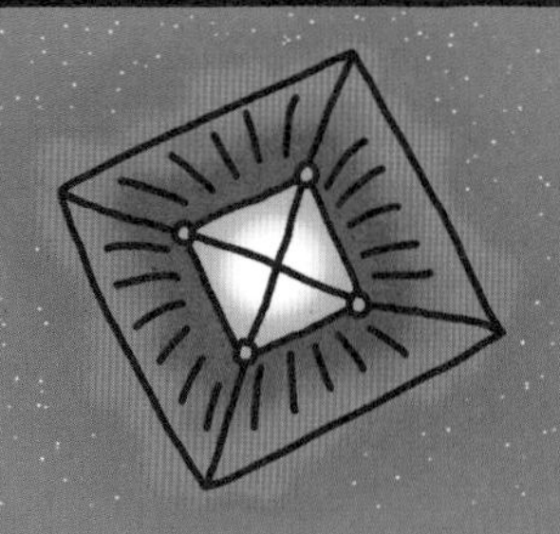

紅方塊星雲，
離地球5,000光年。

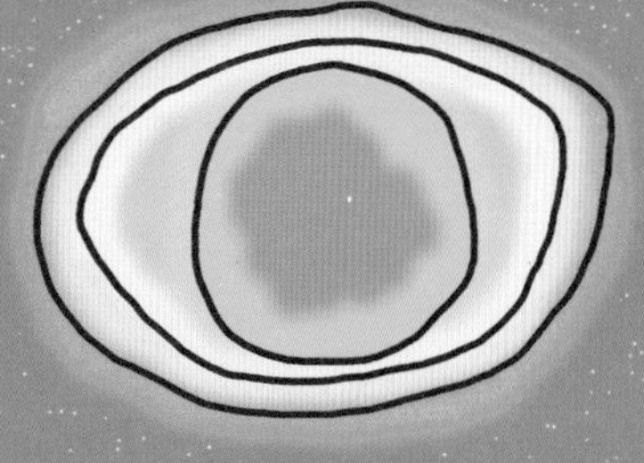

環狀星雲，
離地球2,000光年。

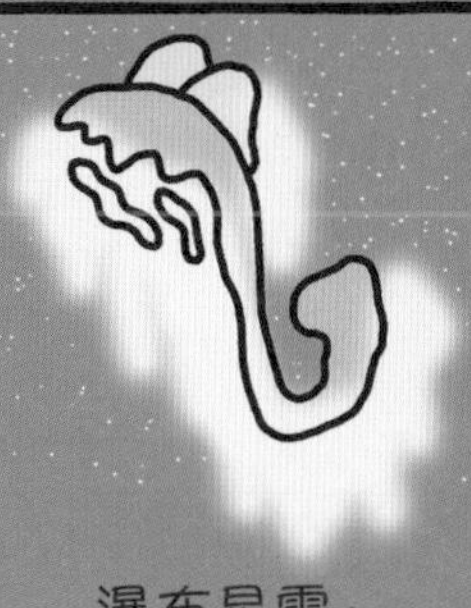

瀑布星雲，
離地球1,500光年。

上帝之手星雲，
離地球17,000光年。

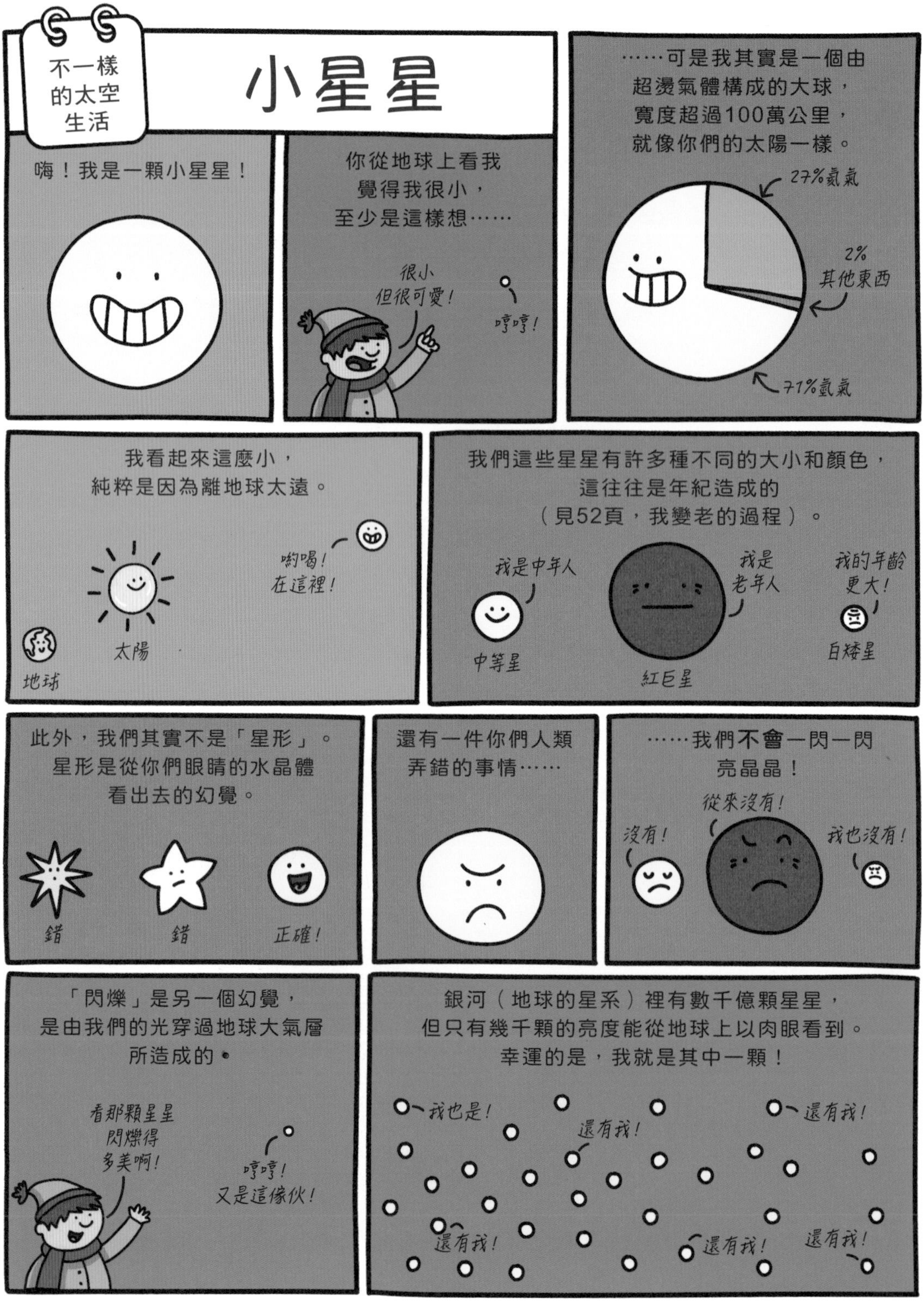

不一樣的太空生活
小星星
嗨！我是一顆小星星！
你從地球上看我
覺得我很小，
至少是這樣想……
很小
但很可愛！
哼哼！
……可是我其實是一個由
超燙氣體構成的大球，
寬度超過100萬公里，
就像你們的太陽一樣。
27%氦氣
2%
其他東西
71%氫氣
我看起來這麼小，
純粹是因為離地球太遠。
喲喝！
在這裡！
太陽
地球
我們這些星星有許多種不同的大小和顏色，
這往往是年紀造成的
（見52頁，我變老的過程）。
我是中年人
我是
老年人
我的年齡
更大！
中等星
紅巨星
白矮星
此外，我們其實不是「星形」。
星形是從你們眼睛的水晶體
看出去的幻覺。
錯
錯
正確！
還有一件你們人類
弄錯的事情……
……我們不會一閃一閃
亮晶晶！
從來沒有！
沒有！
我也沒有！
「閃爍」是另一個幻覺，
是由我們的光穿過地球大氣層
所造成的。
看那顆星星
閃爍得
多美啊！
哼哼！
又是這傢伙！
銀河（地球的星系）裡有數千億顆星星，
但只有幾千顆的亮度能從地球上以肉眼看到。
幸運的是，我就是其中一顆！
我也是！
還有我！
還有我！
還有我！
還有我！
還有我！

星星的故事

宇宙裡有幾兆顆恆星，
這些星星起初全都是由氣體和塵埃在重力作用下聚集而形成。
星星一開始的大小，取決於它隨時間推移發生的變化。
繼續往下讀，你就會發現從最小的到最大的星星有各種不同的命運。

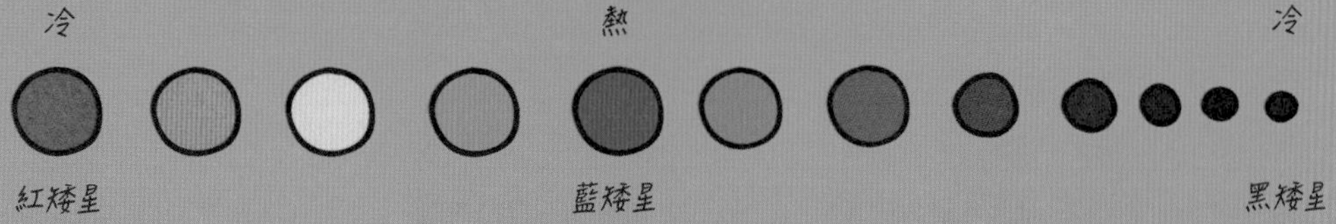
冷
熱
冷
紅矮星
藍矮星
黑矮星

小小的開始

叫「紅矮星」的小恆星，
一開始的大小是太陽的四分之一大，它們非常的冷而且昏暗。
紅矮星之後會變成比較熱的藍矮星，
接著再次變冷，然後走向生命盡頭，變成黑暗、死去的黑矮星。

中子星
(見第53頁)
巨星
紅超巨星
超新星
(見第51頁)
黑洞
(見第52頁)

逐漸黯淡

巨星一開始至少比太陽大八倍，
但是只不過幾百萬年(不用到幾十億年)就會燒光。
它們會變紅、變大，最後能量用盡，爆炸成為超新星。
超新星可能會造成黑洞，或密度超高的中子星。轟！

現在請翻到第50頁，介紹像太陽這樣中等恆星的故事。

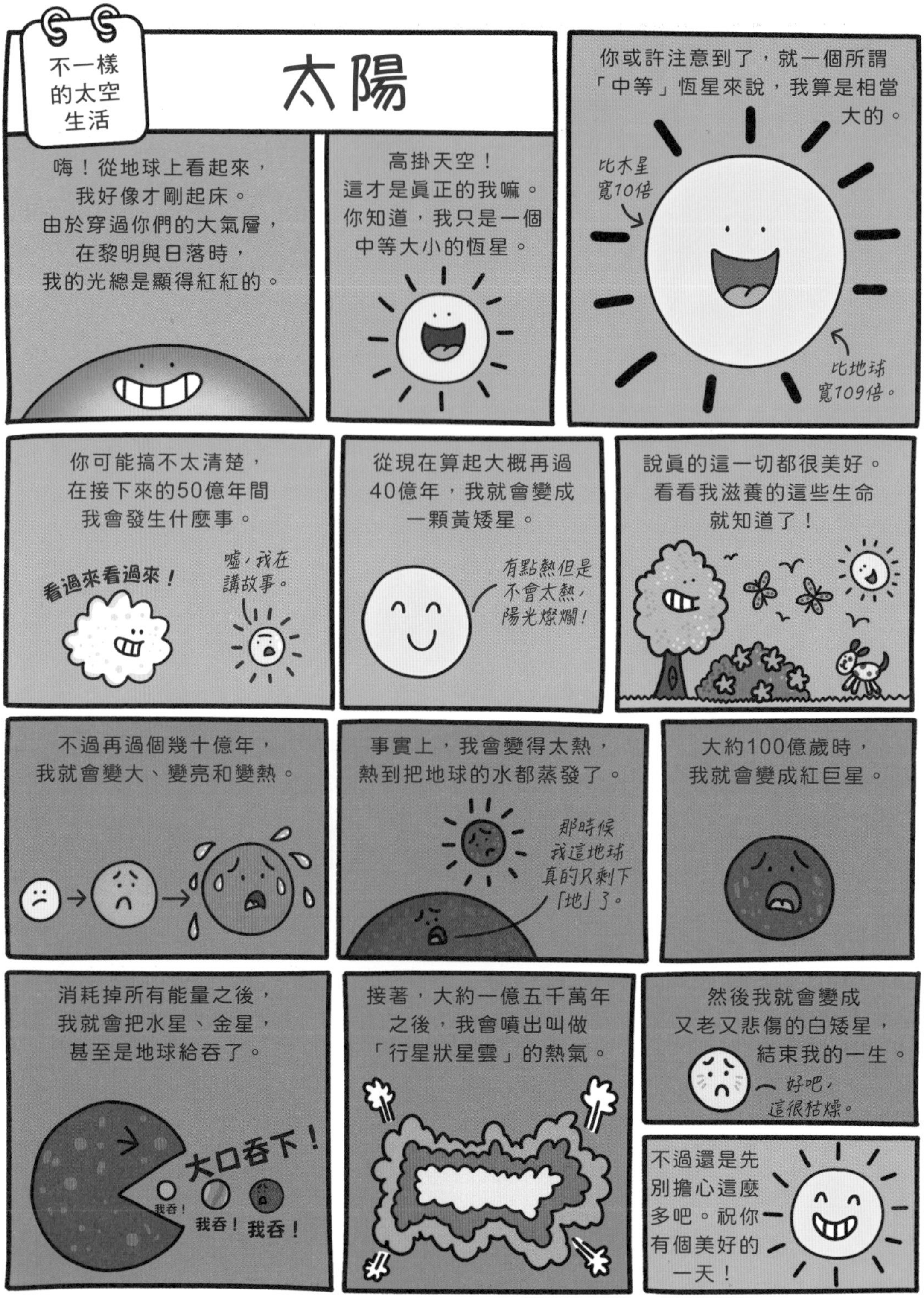
不一樣的太空生活
太陽
嗨！從地球上看起來，我好像才剛起床。由於穿過你們的大氣層，在黎明與日落時，我的光總是顯得紅紅的。
高掛天空！這才是真正的我嘛。你知道，我只是一個中等大小的恆星。
你或許注意到了，就一個所謂「中等」恆星來說，我算是相當大的。
比木星寬10倍
比地球寬109倍。
你可能搞不太清楚，在接下來的50億年間我會發生什麼事。
看過來看過來！
噓，我在講故事。
從現在算起大概再過40億年，我就會變成一顆黃矮星。
有點熱但是不會太熱，陽光燦爛！
說真的這一切都很美好。看看我滋養的這些生命就知道了！
不過再過個幾十億年，我就會變大、變亮和變熱。
事實上，我會變得太熱，熱到把地球的水都蒸發了。
那時候我這地球真的只剩下「地」了。
大約100億歲時，我就會變成紅巨星。
消耗掉所有能量之後，我就會把水星、金星，甚至是地球給吞了。
大口吞下！
我吞！
我吞！
我吞！
接著，大約一億五千萬年之後，我會噴出叫做「行星狀星雲」的熱氣。
然後我就會變成又老又悲傷的白矮星，結束我的一生。
好吧，這很枯燥。
不過還是先別擔心這麼多吧。祝你有個美好的一天！

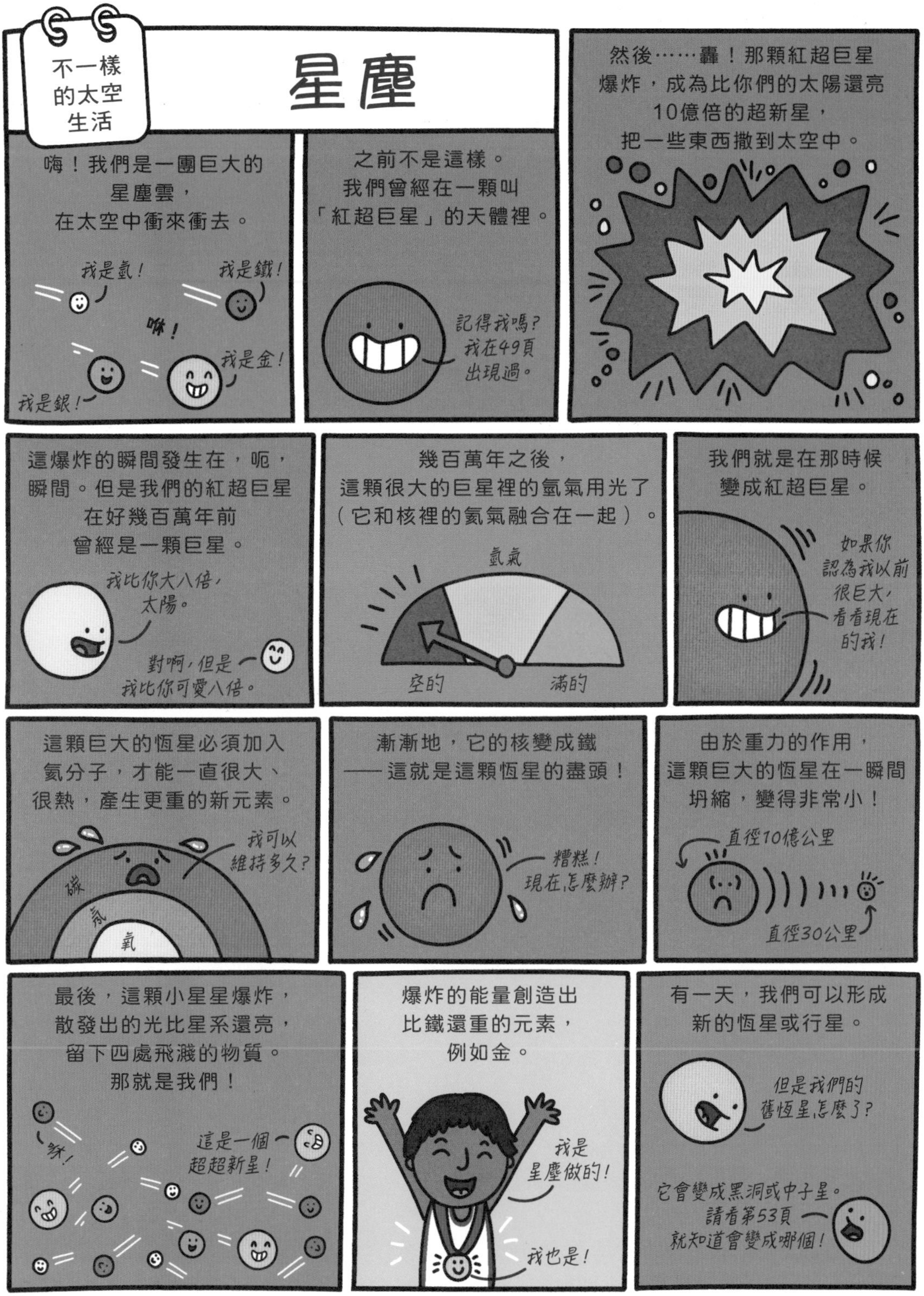
不一樣的太空生活
星塵
嗨!我們是一團巨大的星塵雲,在太空中衝來衝去。
我是氫!
我是鐵!
咻!
我是金!
我是銀!
之前不是這樣。我們曾經在一顆叫「紅超巨星」的天體裡。
記得我嗎?我在49頁出現過。
然後⋯⋯轟!那顆紅超巨星爆炸,成為比你們的太陽還亮10億倍的超新星,把一些東西撒到太空中。
這爆炸的瞬間發生在,呃,瞬間。但是我們的紅超巨星在好幾百萬年前曾經是一顆巨星。
我比你大八倍,太陽。
對啊,但是我比你可愛八倍。
幾百萬年之後,這顆很大的巨星裡的氫氣用光了(它和核裡的氦氣融合在一起)。
氫氣
空的
滿的
我們就是在那時候變成紅超巨星。
如果你認為我以前很巨大,看看現在的我!
這顆巨大的恆星必須加入氦分子,才能一直很大、很熱,產生更重的新元素。
我可以維持多久?
碳
氧
漸漸地,它的核變成鐵——這就是這顆恆星的盡頭!
糟糕!現在怎麼辦?
由於重力的作用,這顆巨大的恆星在一瞬間坍縮,變得非常小!
直徑10億公里
直徑30公里
最後,這顆小星星爆炸,散發出的光比星系還亮,留下四處飛濺的物質。那就是我們!
咻!
這是一個超超新星!
爆炸的能量創造出比鐵還重的元素,例如金。
我是星塵做的!
我也是!
有一天,我們可以形成新的恆星或行星。
但是我們的舊恆星怎麼了?
它會變成黑洞或中子星。請看第53頁就知道會變成哪個!

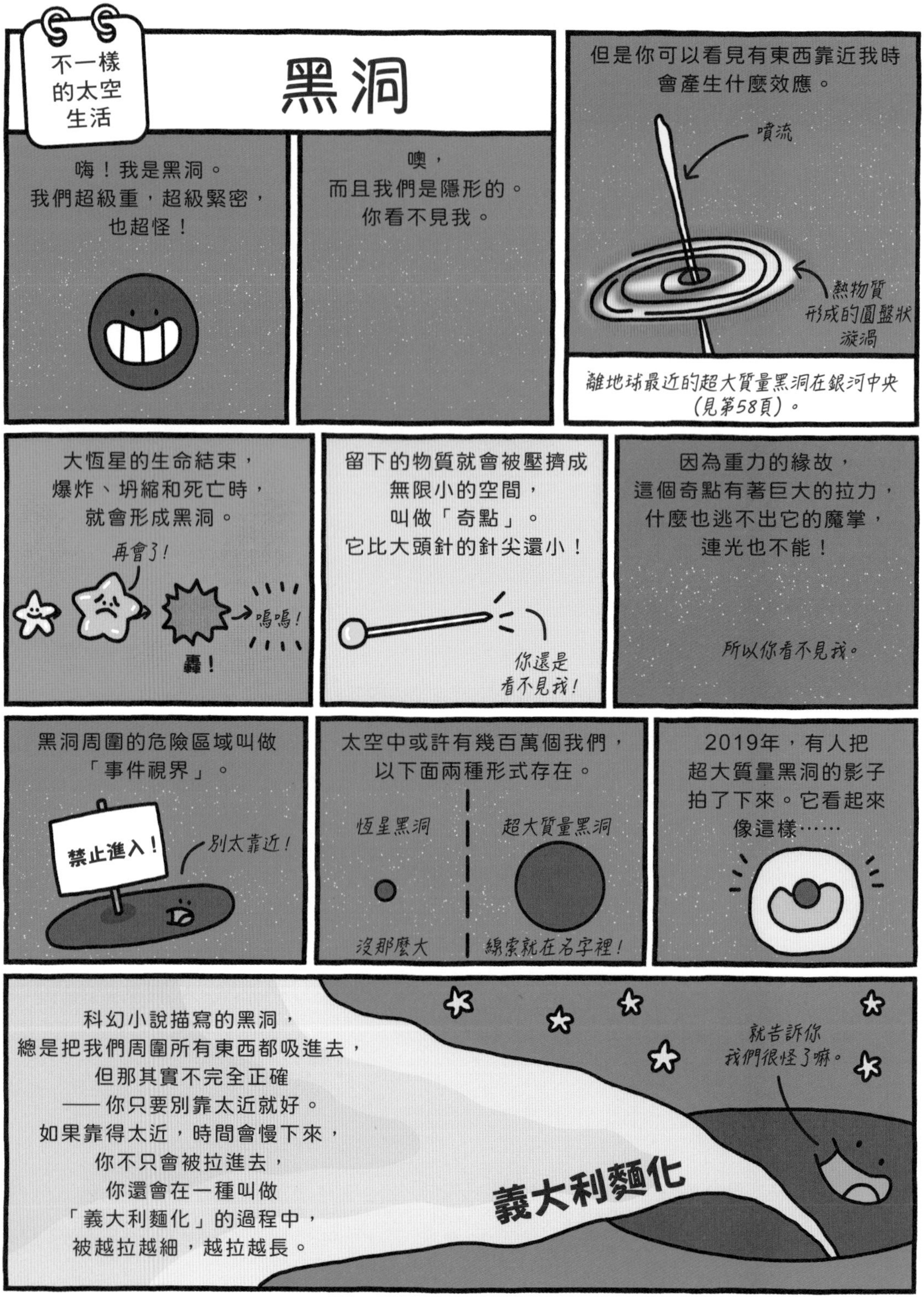
不一樣的太空生活
黑洞
嗨！我是黑洞。
我們超級重，超級緊密，
也超怪！
噢，
而且我們是隱形的。
你看不見我。
但是你可以看見有東西靠近我時
會產生什麼效應。
噴流
熱物質形成的圓盤狀漩渦
離地球最近的超大質量黑洞在銀河中央（見第58頁）。
大恆星的生命結束，
爆炸、坍縮和死亡時，
就會形成黑洞。
再會了！
轟！
嗚嗚！
留下的物質就會被壓擠成
無限小的空間，
叫做「奇點」。
它比大頭針的針尖還小！
你還是看不見我！
因為重力的緣故，
這個奇點有著巨大的拉力，
什麼也逃不出它的魔掌，
連光也不能！
所以你看不見我。
黑洞周圍的危險區域叫做
「事件視界」。
禁止進入！
別太靠近！
太空中或許有幾百萬個我們，
以下面兩種形式存在。
恆星黑洞
沒那麼大
超大質量黑洞
線索就在名字裡！
2019年，有人把
超大質量黑洞的影子
拍了下來。它看起來
像這樣……
科幻小說描寫的黑洞，
總是把我們周圍所有東西都吸進去，
但那其實不完全正確
——你只要別靠太近就好。
如果靠得太近，時間會慢下來，
你不只會被拉進去，
你還會在一種叫做
「義大利麵化」的過程中，
被越拉越細，越拉越長。
義大利麵化
就告訴你我們很怪了嘛。

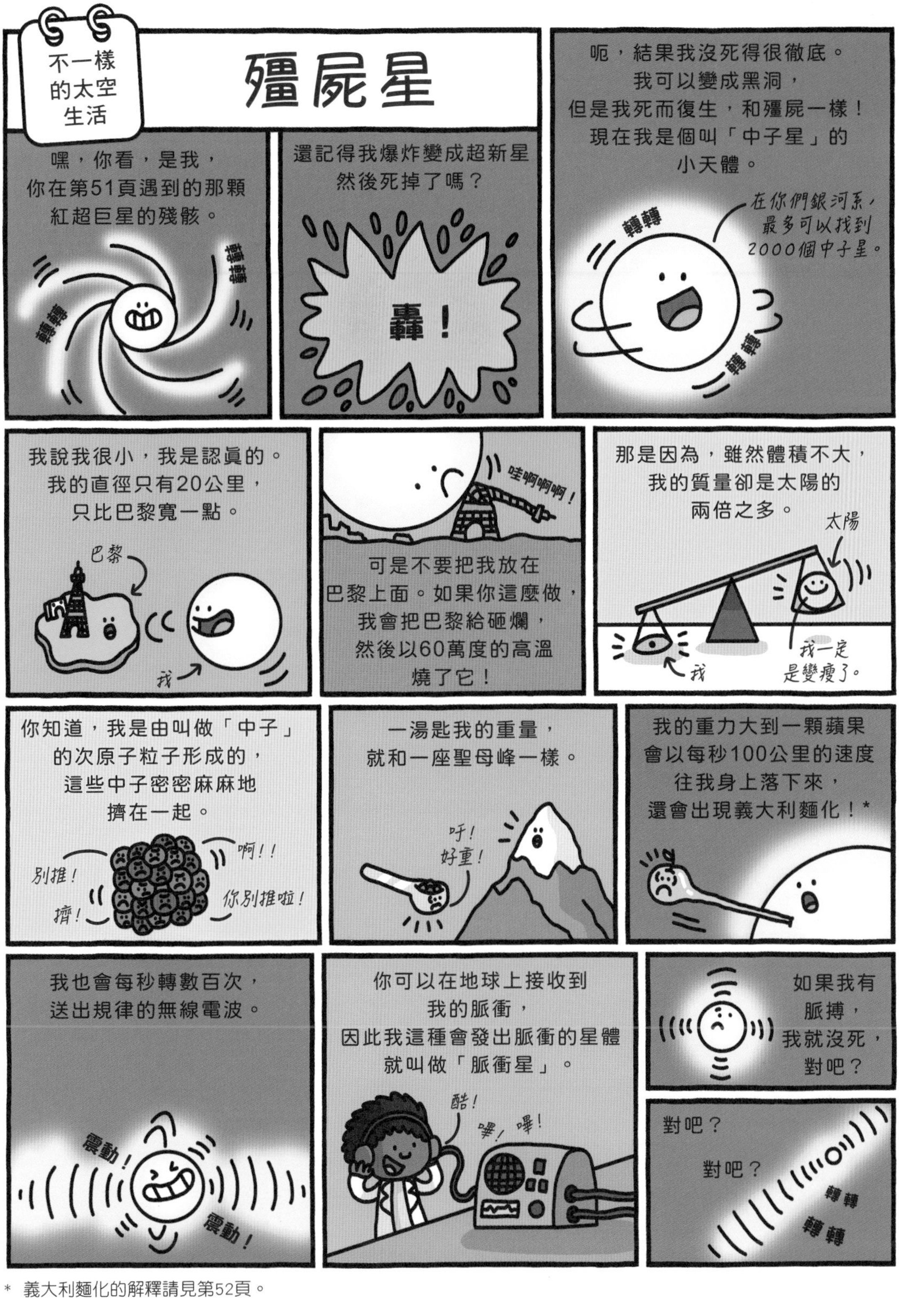
不一樣的太空生活
殭屍星
嘿，你看，是我，你在第51頁遇到的那顆紅超巨星的殘骸。
轉轉
轉轉
還記得我爆炸變成超新星然後死掉了嗎？
轟！
呃，結果我沒死得很徹底。我可以變成黑洞，但是我死而復生，和殭屍一樣！現在我是個叫「中子星」的小天體。
轉轉
在你們銀河系，最多可以找到2000個中子星。
轉轉
我說我很小，我是認真的。我的直徑只有20公里，只比巴黎寬一點。
巴黎
我
哇啊啊啊！
可是不要把我放在巴黎上面。如果你這麼做，我會把巴黎給砸爛，然後以60萬度的高溫燒了它！
那是因為，雖然體積不大，我的質量卻是太陽的兩倍之多。
太陽
我
我一定是變瘦了。
你知道，我是由叫做「中子」的次原子粒子形成的，這些中子密密麻麻地擠在一起。
啊！！
別推！
擠！
你別推啦！
一湯匙我的重量，就和一座聖母峰一樣。
吁！好重！
我的重力大到一顆蘋果會以每秒100公里的速度往我身上落下來，還會出現義大利麵化！*
我也會每秒轉數百次，送出規律的無線電波。
震動！
震動！
你可以在地球上接收到我的脈衝，因此我這種會發出脈衝的星體就叫做「脈衝星」。
酷！
嗶！嗶！
如果我有脈搏，我就沒死，對吧？
對吧？
對吧？
轉轉
轉轉

* 義大利麵化的解釋請見第52頁。

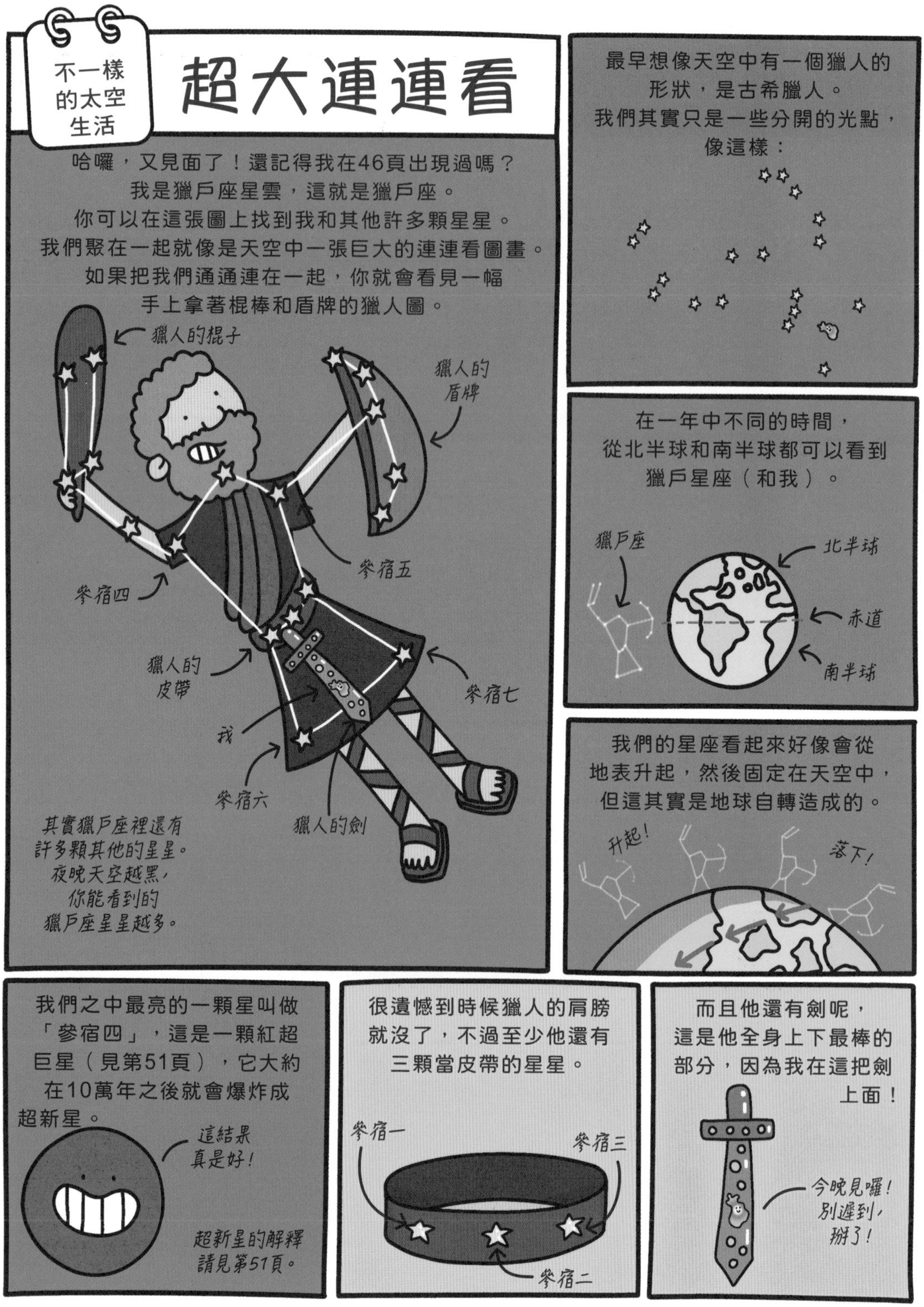

不一樣的太空生活
超大連連看
哈囉，又見面了！還記得我在46頁出現過嗎？
我是獵戶座星雲，這就是獵戶座。
你可以在這張圖上找到我和其他許多顆星星。
我們聚在一起就像是天空中一張巨大的連連看圖畫。
如果把我們通通連在一起，你就會看見一幅
手上拿著棍棒和盾牌的獵人圖。
獵人的棍子
獵人的盾牌
參宿五
參宿四
獵人的皮帶
參宿七
我
參宿六
獵人的劍
其實獵戶座裡還有許多顆其他的星星。夜晚天空越黑，你能看到的獵戶座星星越多。
最早想像天空中有一個獵人的形狀，是古希臘人。
我們其實只是一些分開的光點，像這樣：
在一年中不同的時間，從北半球和南半球都可以看到獵戶星座（和我）。
獵戶座
北半球
赤道
南半球
我們的星座看起來好像會從地表升起，然後固定在天空中，但這其實是地球自轉造成的。
升起！
落下！
我們之中最亮的一顆星叫做「參宿四」，這是一顆紅超巨星（見第51頁），它大約在10萬年之後就會爆炸成超新星。
這結果真是好！
超新星的解釋請見第51頁。
很遺憾到時候獵人的肩膀就沒了，不過至少他還有三顆當皮帶的星星。
參宿一
參宿三
參宿二
而且他還有劍呢，這是他全身上下最棒的部分，因為我在這把劍上面！
今晚見囉！別遲到，掰了！

十二星座

目前有88個受到正式承認的星座，西方黃道帶上的十二星座也包括在內。
這些恆星構成的圖案座落在夜空中一個想像的環上，我們稱這環叫做「黃道」。
從地球上看，太陽似乎是以一年的時間走過這些星座。
古代占星術就是這樣誕生的，這門學問相信人類的生命受到十二星座影響。
占星學和星座運勢雖然有趣，不過和天文學不同，它們沒有科學根據。
但話說回來，做為人類最早開始研究的星星圖案，
十二星座還是非常迷人而美麗的。

名字的意義？

星座的正式名稱以拉丁文命名。
例如拉丁文「Capricornus」是英文Capricorn
也就是摩羯座，有時我們也稱做「海山羊」。
拉丁文「Scorpius」是英文Scorpio
也就是天蠍座。

夜燈

因為有太陽光，
白天從地球上看不到
黃道帶上的星星。

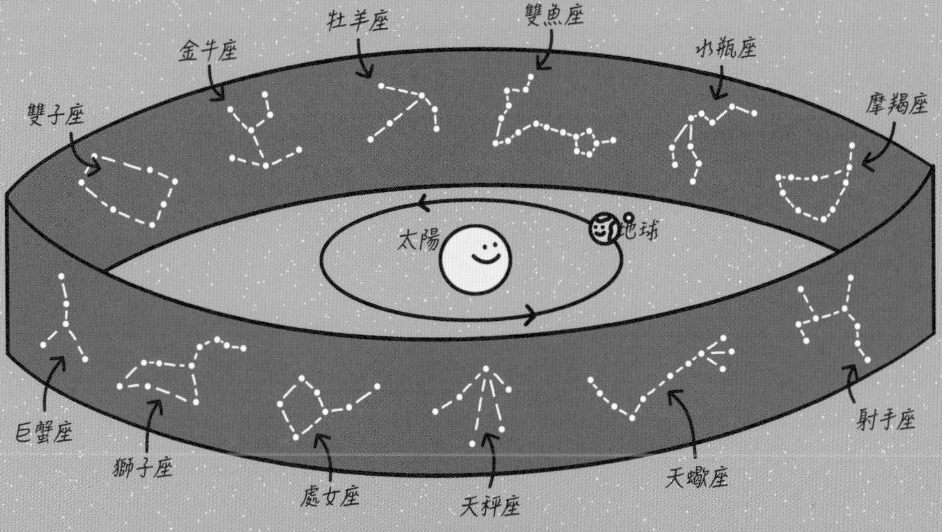

牡羊座
雙魚座
金牛座
水瓶座
雙子座
摩羯座
太陽
地球
巨蟹座
射手座
獅子座
天蠍座
處女座
天秤座

不幸的十三號

黃道上應該還有第十三個星座，叫做蛇夫座。
可惜占星家拿掉了蛇夫座，因為一年要分成十二個長短相似的月份，
比分成十三個月來得容易。

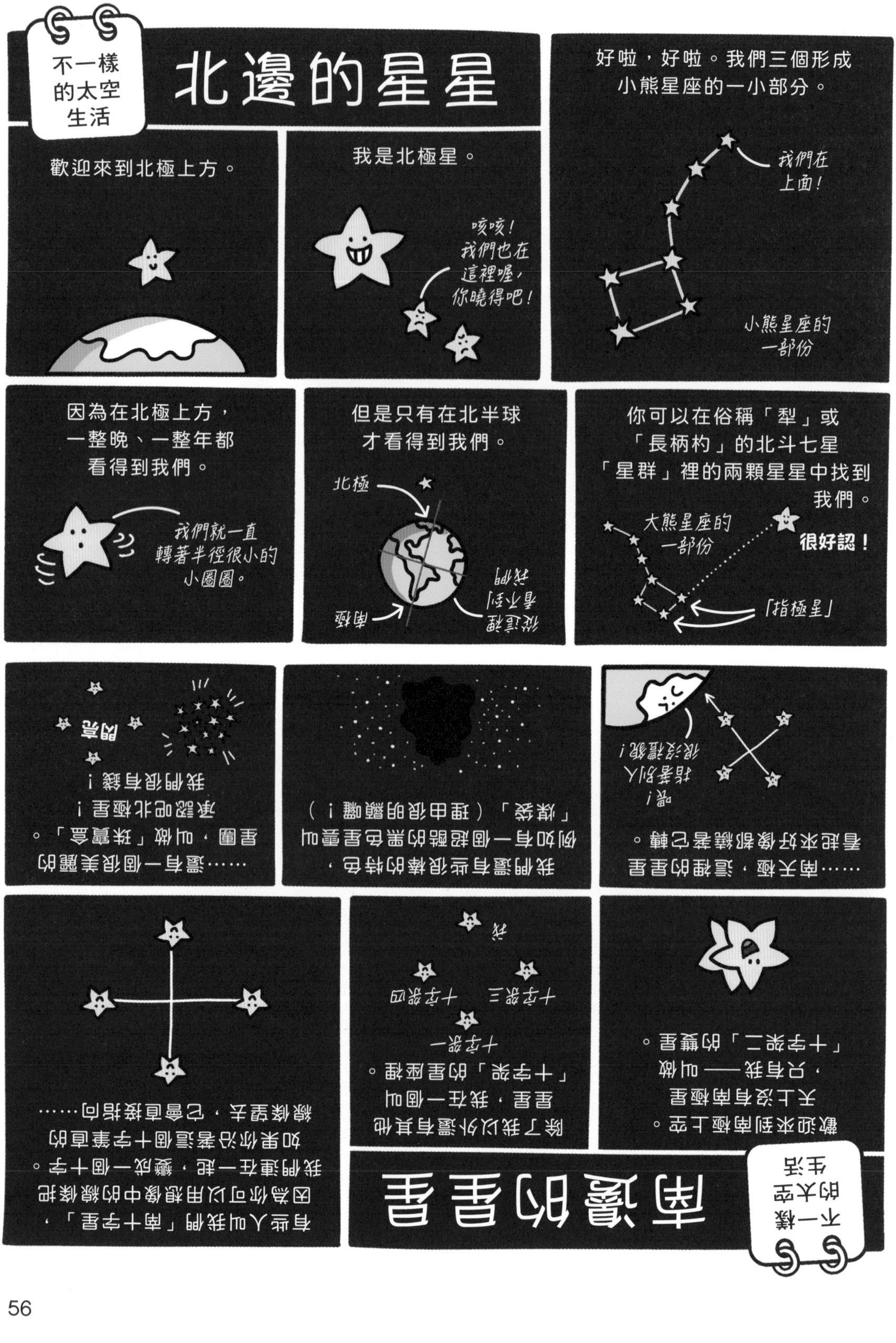

不一樣的太空生活
北邊的星星
歡迎來到北極上方。
我是北極星。
咳咳！我們也在這裡喔，你曉得吧！
好啦，好啦。我們三個形成小熊星座的一小部分。
我們在上面！
小熊星座的一部份
因為在北極上方，一整晚、一整年都看得到我們。
我們就一直轉著半徑很小的小圈圈。
但是只有在北半球才看得到我們。
北極
南極
從這裡看不到我們
你可以在俗稱「犁」或「長柄杓」的北斗七星「星群」裡的兩顆星星中找到我們。
大熊星座的一部份
很好認！
「指極星」
不一樣的太空生活
南邊的星星
歡迎來到南極上空。天上沒有南極星，只有我——叫做「十字架二」的雙星。
除了我以外還有其他星星，我在一個叫「十字架」的星座裡。
十字架一
十字架三
十字架四
我
有些人叫我們「南十字星」，因為你可以用想像中的線條把我們連在一起，變成一個十字。如果你沿著這個十字筆直的線條望去，它會直接指向……
……南天極，這裡的星星看起來好像都繞著它轉。
喂！指著別人很沒禮貌！
我們還有些很棒的特色，例如有一個超酷的黑色星雲叫「煤袋」（理由很明顯囉！）
……還有一個很美麗的星團，叫做「珠寶盒」。承認吧北極星！我們很有錢！
閃亮

最佳拍檔

我們地球的太陽非常特別，因為它是一顆孤星。其他許多恆星其實都是成雙成對出現，繞著彼此轉，這叫做「雙星系統」。也有些系統有三個或更多繞行恆星，以及構成整個星系的更大星群。

天狼星B
天狼星A

兩人行

綽號叫「犬星」的天狼星A，是地球的夜空中最明亮的星星。它和遙遠、黯淡的白矮星天狼星B在一起形成「雙星系統」。天狼星A和天狼星B繞著彼此轉。

北極星AB
北極星A
北極星B

三人行

好幾百年來，北半球的旅人在夜晚一直是用北極星替他們指路，那是因為北極星目前在北極上方。然而之前大家以為是孤星的北極星，其實是由三顆不同恆星組成的「三星系統」。

七喜

由七個星星組成的昴宿星團也叫做「七姊妹星團」，在夜空中很容易看見。這個星團裡其實有1,000顆星星，不過其中九顆（不是七顆喔！）特別亮。

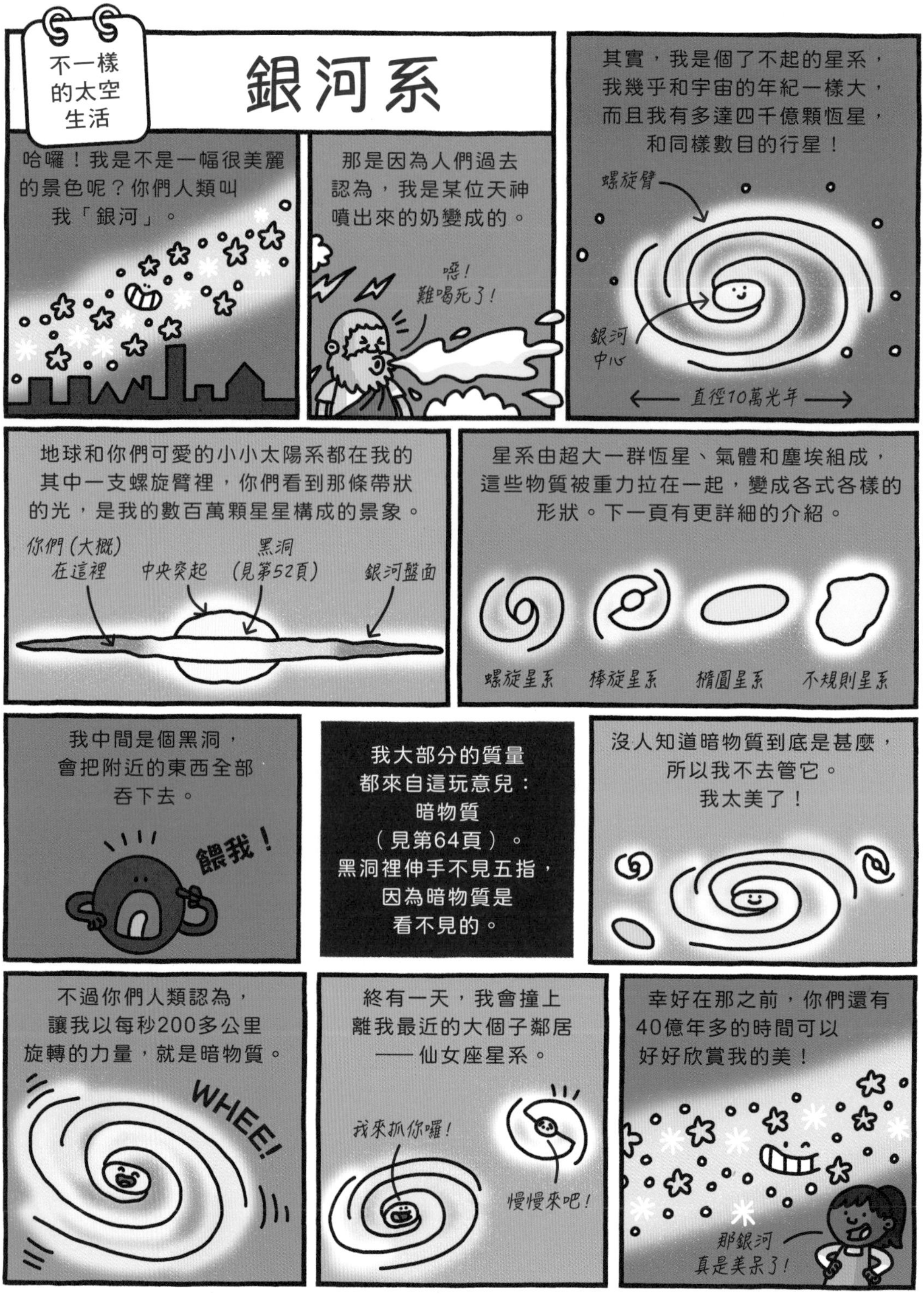

不一樣的太空生活
銀河系
哈囉！我是不是一幅很美麗的景色呢？你們人類叫我「銀河」。
那是因為人們過去認為，我是某位天神噴出來的奶變成的。
噁！難喝死了！
其實，我是個了不起的星系，我幾乎和宇宙的年紀一樣大，而且我有多達四千億顆恆星，和同樣數目的行星！
螺旋臂
銀河中心
直徑10萬光年
地球和你們可愛的小小太陽系都在我的其中一支螺旋臂裡，你們看到那條帶狀的光，是我的數百萬顆星星構成的景象。
你們（大概）在這裡
中央突起
黑洞（見第52頁）
銀河盤面
星系由超大一群恆星、氣體和塵埃組成，這些物質被重力拉在一起，變成各式各樣的形狀。下一頁有更詳細的介紹。
螺旋星系
棒旋星系
橢圓星系
不規則星系
我中間是個黑洞，會把附近的東西全部吞下去。
餵我！
我大部分的質量都來自這玩意兒：暗物質（見第64頁）。黑洞裡伸手不見五指，因為暗物質是看不見的。
沒人知道暗物質到底是甚麼，所以我不去管它。我太美了！
不過你們人類認為，讓我以每秒200多公里旋轉的力量，就是暗物質。
WHEE!
終有一天，我會撞上離我最近的大個子鄰居——仙女座星系。
我來抓你囉！
慢慢來吧！
幸好在那之前，你們還有40億年多的時間可以好好欣賞我的美！
那銀河真是美呆了！

深入太空　銀河追緝令

幸好有像哈伯太空望遠鏡（見第98頁）這種高科技，
人們才能看見在自己的銀河系之外，那些成千上萬的星系，
而那也只是科學家認為宇宙中有二千億個星系其中的九牛一毛。
星系有形形色色的大小和形狀，
最大的星系據說裡面有超過100兆顆星星。

螺旋星系

有兩種：

螺旋星系
棒旋星系

這些星系和我們的銀河一樣，
有長長的螺旋臂，
恆星就是從螺旋臂裡誕生。

橢圓星系

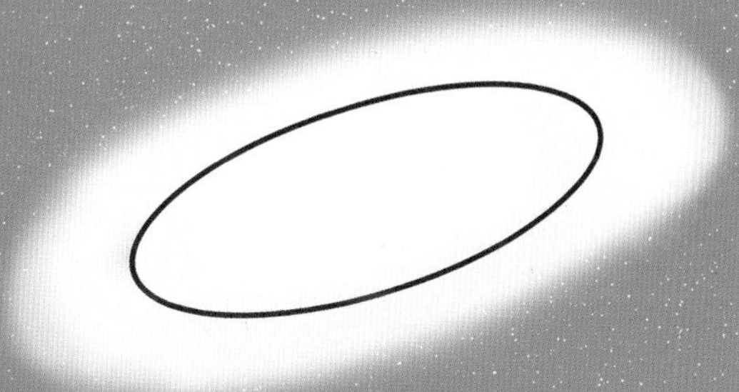

這些星系是橢圓形的，
它們通常比較小，
裡面的星星年紀比較大。

不規則星系

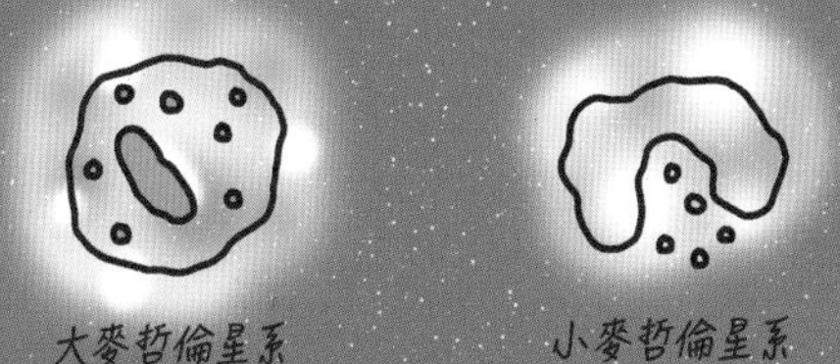

大麥哲倫星系
小麥哲倫星系

大小麥哲倫星雲從南半球上看得到，
是離我們銀河系很近的星系。

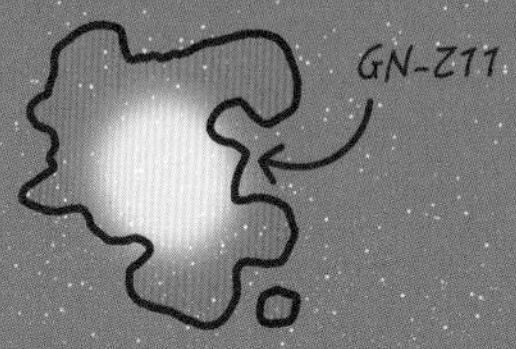

GN-Z11

GN-Z11是目前我們觀測到，
最遙遠、也最古老的星系。
它遙遠到從地球看過去，
是它在大爆炸（見第62頁）
之後四億年的樣子。

空空如也

在星系之間的太空，叫做「星系際介質」，它幾乎可說是
完美真空狀態，裡面的物質少到每一立方公尺只有一個原子。
換句話說，它空空如也！

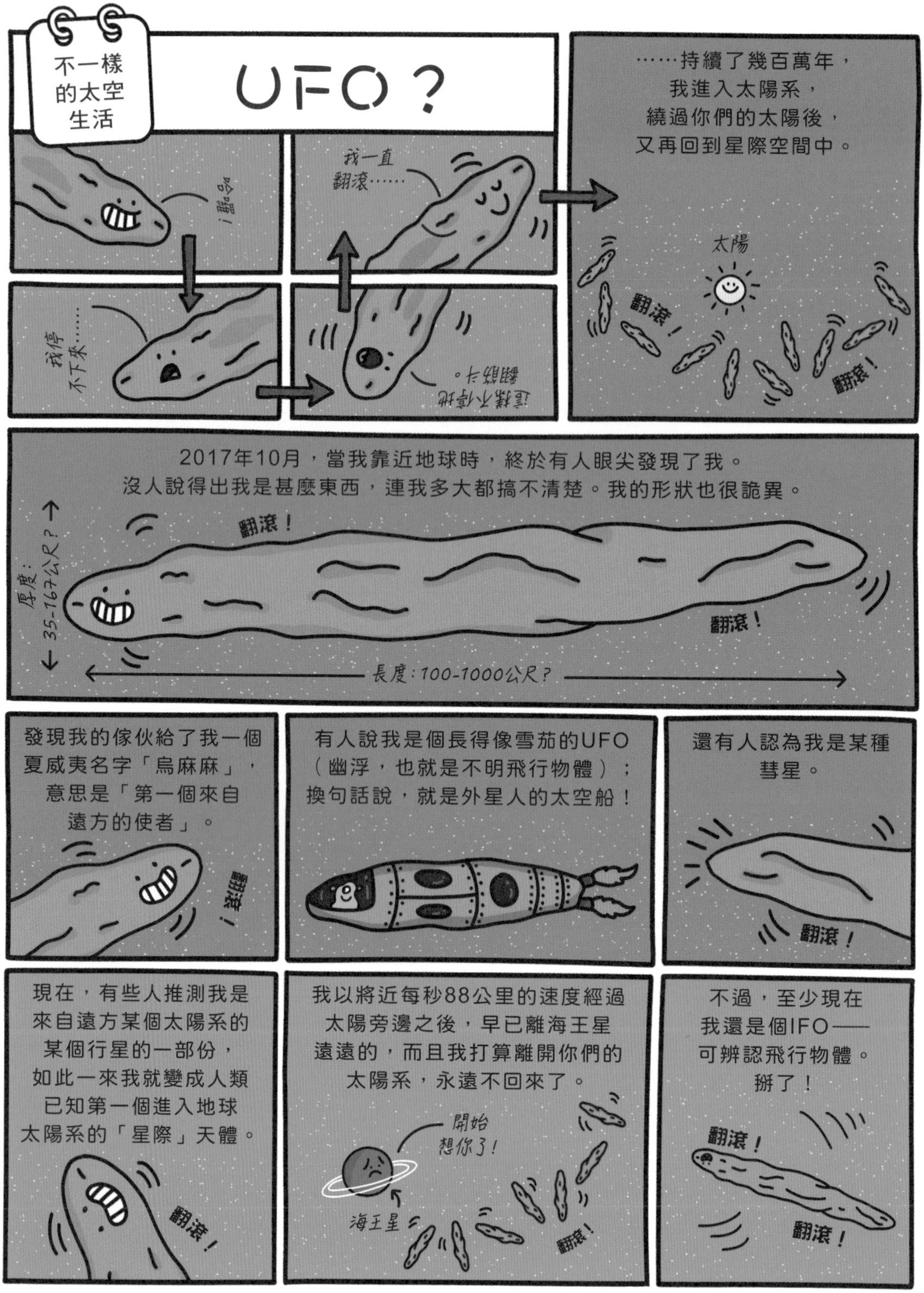
不一樣的太空生活
UFO？
我停不下來……
我一直翻滾……
……持續了幾百萬年，我進入太陽系，繞過你們的太陽後，又再回到星際空間中。
太陽
翻滾！
翻滾！
2017年10月，當我靠近地球時，終於有人眼尖發現了我。沒人說得出我是甚麼東西，連我多大都搞不清楚。我的形狀也很詭異。
翻滾！
翻滾！
厚度：35-167公尺？
長度：100-1000公尺？
發現我的傢伙給了我一個夏威夷名字「烏麻麻」，意思是「第一個來自遠方的使者」。
有人說我是個長得像雪茄的UFO（幽浮，也就是不明飛行物體）；換句話說，就是外星人的太空船！
還有人認為我是某種彗星。
翻滾！
現在，有些人推測我是來自遠方某個太陽系的某個行星的一部份，如此一來我就變成人類已知第一個進入地球太陽系的「星際」天體。
翻滾！
我以將近每秒88公里的速度經過太陽旁邊之後，早已離海王星遠遠的，而且我打算離開你們的太陽系，永遠不回來了。
開始想你了！
海王星
翻滾！
不過，至少現在我還是個IFO——可辨認飛行物體。
掰了！
翻滾！
翻滾！

深入太空	近地天體

六千五百萬年前，有一顆小行星撞上地球，
使恐龍滅絕，改變地球上的生命。
今天，天文學家觀測超過二萬五千個「近地天體」
——它們大多是小行星
——以免萬一這些小行星看起來離我們太近，叫人不舒服。
以下是幾個小行星：

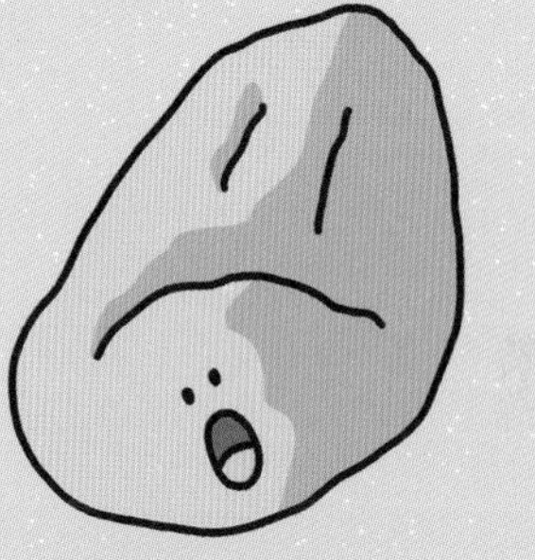

小行星4581

這顆幾乎寬一公里的小行星
在1989年3月底被觀測到，
就在它最接近地球的幾天之後！
現在有些近地天體的粉絲
將3月23日叫做
「差點相撞」日（吞口水）！

小行星1036

這顆寬度超過30公里的遙遠小行星，
是目前我們追蹤到體積最大的
「潛在威脅天體」。幸好小行星
1036的軌道和地球軌道沒有相交，
大多數時候，我們發現
它比較靠近木星。

小行星1999

這顆小的小行星預計下一次靠近
地球的時間會在2027年，
離地球39萬公里以內。
如果不會太緊張兮兮，
你可以拿雙筒望遠鏡觀察它。

小行星J002E3

這個近地天體據說是1969年
阿波羅12號登月任務時
留下來的火箭推進器。
諷刺的是，有一天它可能
會和月球相撞！

大霹靂

的祕密日記

摘自138億歲、
而且還在繼續擴張的宇宙
「烏那」的日記。

1 時間根本不存在

抱歉，我對日期沒概念，因為時間本身還不存在。我只是一個極小——比原子還小——但密度極大的能量點，溫度超過攝氏100個100萬的9次方（等於攝氏100,000,000,000,000,000,000,000,000,000,000,000,000度）。雖然如此，我還是希望有一天我能做出一番大事業……搞不好那天很快就到囉！

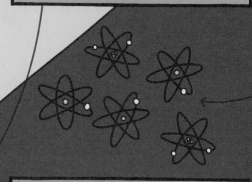

2 十億分之一秒後

基於連我也不清楚的理由，我擴張成好幾兆倍大。我是由種種怪裡怪氣的粒子構成，許多粒子一直不停互相撞擊然後不見了。我希望它們沒有全部消失！

3 百萬分之一秒後

萬歲！它們沒有消失！剩下的粒子創造出我叫做「物質」的東西。其中有些是帶正電荷的小東西，其他東西完全不帶電。我稱它們為質子(+)和中子(O)。

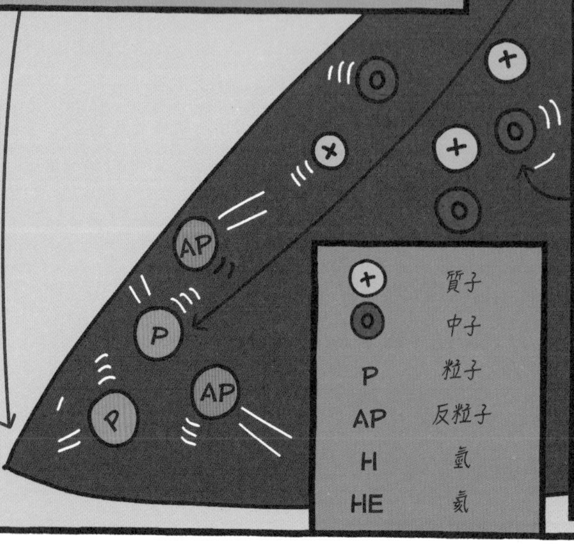

AP
P
+ 質子
O 中子
P 粒子
AP 反粒子
H 氫
HE 氦

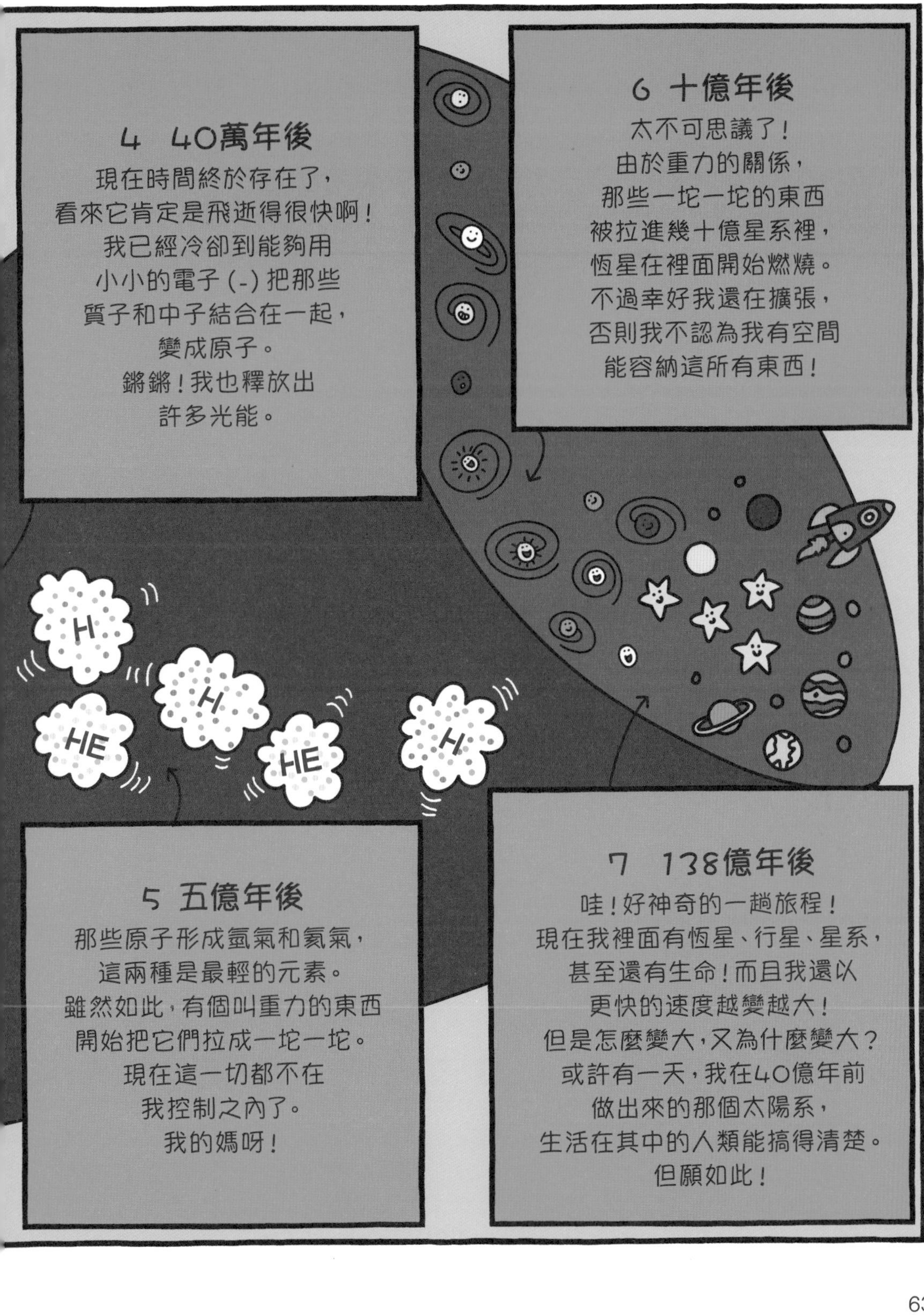
H
H
HE
HE
H

4 40萬年後

現在時間終於存在了，
看來它肯定是飛逝得很快啊！
我已經冷卻到能夠用
小小的電子 (-) 把那些
質子和中子結合在一起，
變成原子。
鏘鏘！我也釋放出
許多光能。

5 五億年後

那些原子形成氫氣和氦氣，
這兩種是最輕的元素。
雖然如此，有個叫重力的東西
開始把它們拉成一坨一坨。
現在這一切都不在
我控制之內了。
我的媽呀！

6 十億年後

太不可思議了！
由於重力的關係，
那些一坨一坨的東西
被拉進幾十億星系裡，
恆星在裡面開始燃燒。
不過幸好我還在擴張，
否則我不認為我有空間
能容納這所有東西！

7 138億年後

哇！好神奇的一趟旅程！
現在我裡面有恆星、行星、星系，
甚至還有生命！而且我還以
更快的速度越變越大！
但是怎麼變大，又為什麼變大？
或許有一天，我在40億年前
做出來的那個太陽系，
生活在其中的人類能搞得清楚。
但願如此！

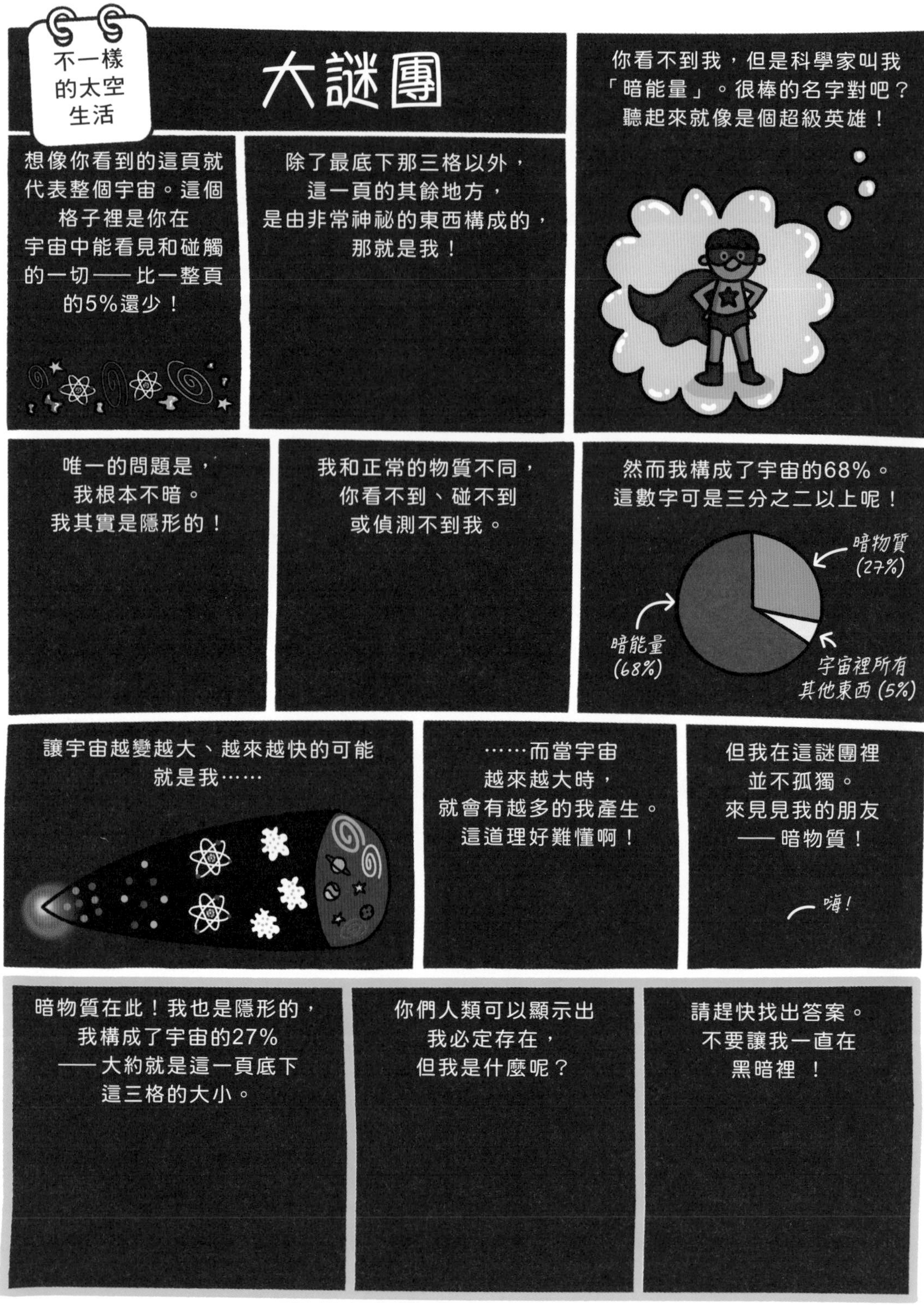
不一樣的太空生活
大謎團
想像你看到的這頁就代表整個宇宙。這個格子裡是你在宇宙中能看見和碰觸的一切——比一整頁的5%還少！
除了最底下那三格以外，這一頁的其餘地方，是由非常神祕的東西構成的，那就是我！
你看不到我，但是科學家叫我「暗能量」。很棒的名字對吧？聽起來就像是個超級英雄！
唯一的問題是，我根本不暗。我其實是隱形的！
我和正常的物質不同，你看不到、碰不到或偵測不到我。
然而我構成了宇宙的68%。這數字可是三分之二以上呢！
暗物質 (27%)
暗能量 (68%)
宇宙裡所有其他東西 (5%)
讓宇宙越變越大、越來越快的可能就是我……
……而當宇宙越來越大時，就會有越多的我產生。這道理好難懂啊！
但我在這謎團裡並不孤獨。來見見我的朋友——暗物質！
嗨！
暗物質在此！我也是隱形的，我構成了宇宙的27%——大約就是這一頁底下這三格的大小。
你們人類可以顯示出我必定存在，但我是什麼呢？
請趕快找出答案。不要讓我一直在黑暗裡 ！

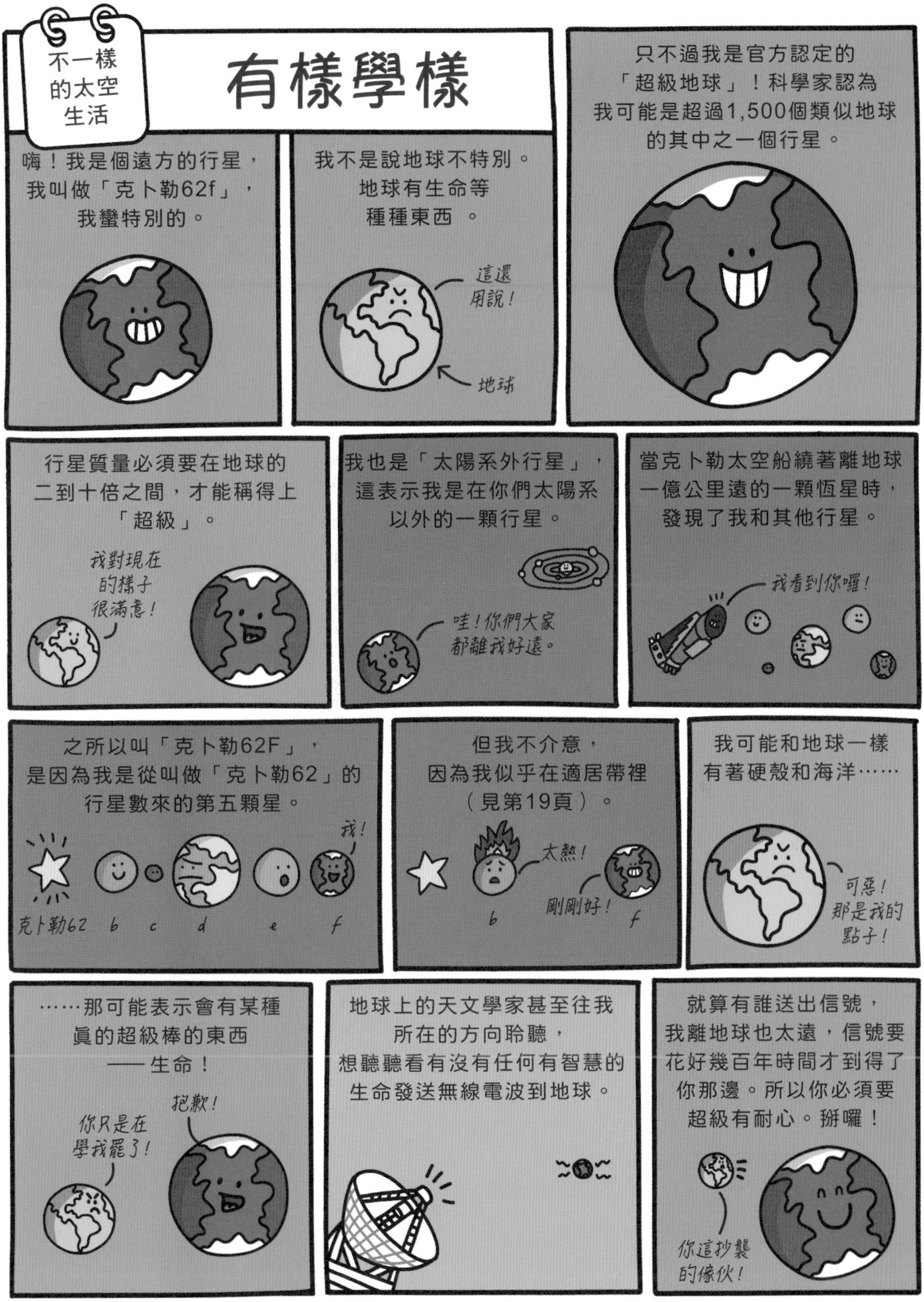
不一樣的太空生活
有樣學樣
嗨！我是個遠方的行星，我叫做「克卜勒62f」，我蠻特別的。
我不是說地球不特別。地球有生命等種種東西。
這還用說！
地球
只不過我是官方認定的「超級地球」！科學家認為我可能是超過1,500個類似地球的其中之一個行星。
行星質量必須要在地球的二到十倍之間，才能稱得上「超級」。
我對現在的樣子很滿意！
我也是「太陽系外行星」，這表示我是在你們太陽系以外的一顆行星。
哇！你們大家都離我好遠。
當克卜勒太空船繞著離地球一億公里遠的一顆恆星時，發現了我和其他行星。
我看到你囉！
之所以叫「克卜勒62F」，是因為我是從叫做「克卜勒62」的行星數來的第五顆星。
我！
克卜勒62
b
c
d
e
f
但我不介意，因為我似乎在適居帶裡（見第19頁）。
太熱！
剛剛好！
b
f
我可能和地球一樣有著硬殼和海洋……
可惡！那是我的點子！
……那可能表示會有某種真的超級棒的東西——生命！
抱歉！
你只是在學我罷了！
地球上的天文學家甚至往我所在的方向聆聽，想聽聽看有沒有任何有智慧的生命發送無線電波到地球。
就算有誰送出信號，我離地球也太遠，信號要花好幾百年時間才到得了你那邊。所以你必須要超級有耐心。掰囉！
你這抄襲的傢伙！

我們要到了嗎？

太空是個值得一去的好地方。
想像一下，如果你跳上一輛車，
持續以每小時100公里的速度
穩定朝著月球和月球之外的
地方開去。
以下是我們到達宇宙中的
那些熱門景點所需的時間。
記得帶些零食上路喔！

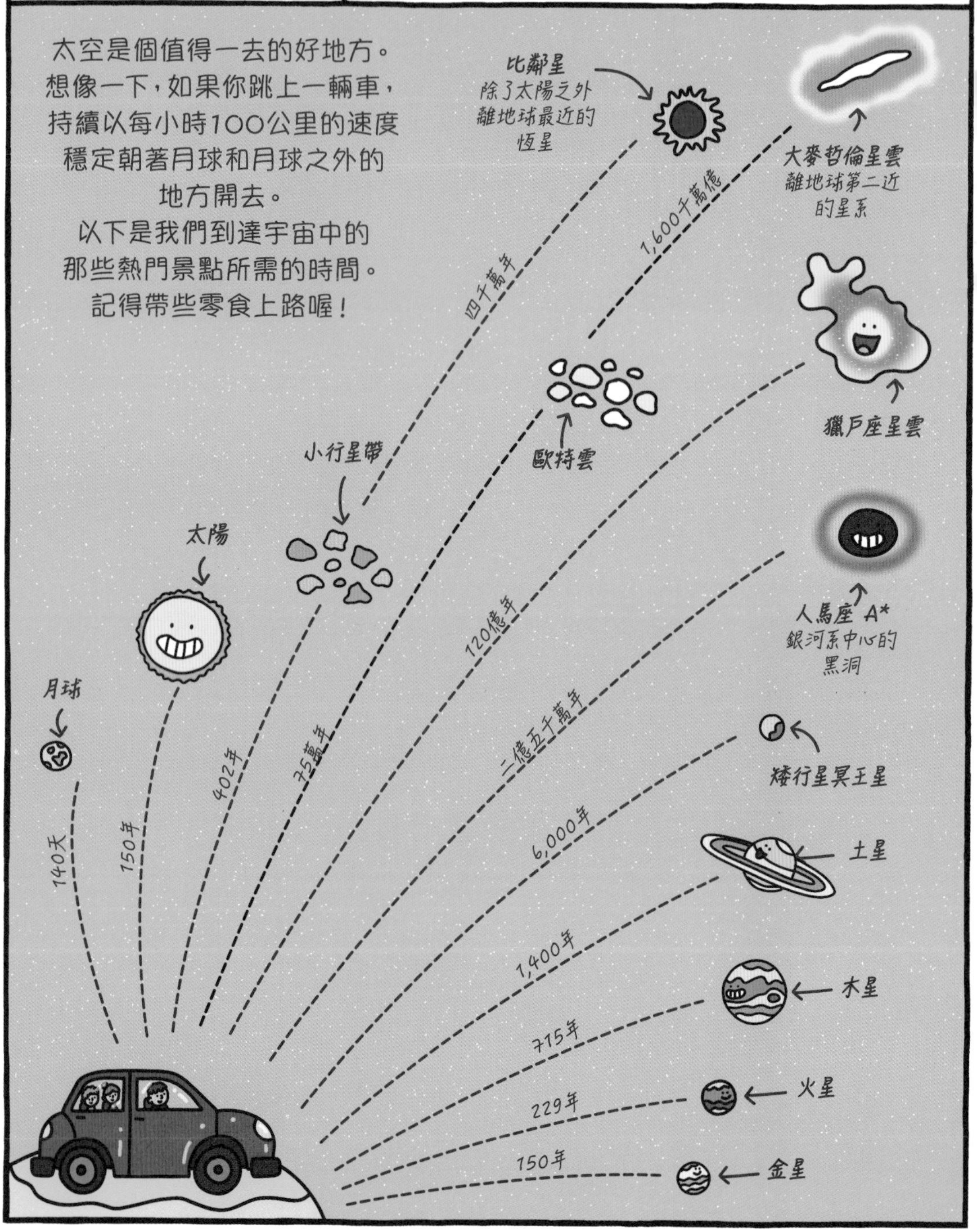
月球
140天
太陽
150年
小行星帶
402年
75萬年
四千萬年
比鄰星
除了太陽之外
離地球最近的
恆星
歐特雲
120億年
1,600千萬億
大麥哲倫星雲
離地球第二近
的星系
獵戶座星雲
二億五千萬年
人馬座 A*
銀河系中心的
黑洞
矮行星冥王星
6,000年
土星
1,400年
木星
715年
火星
229年
金星
150年

以上列出的是平均時間

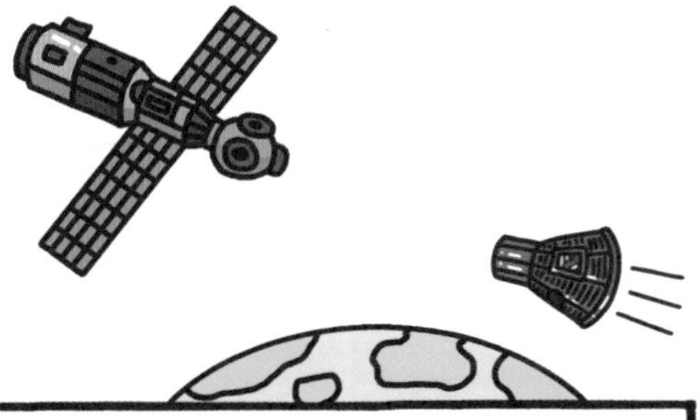

太空旅行

人類已經在地球上生活了大約30萬年，但進入太空冒險的時間只有過去60年。令人稱奇的是，在這差不多60年間，人類已經漫步月球，成立太空站，甚至還鎖定火星當作未來的度假勝地。

在這一部裡，你將發現人類如何追求探索宇宙的夢想。這可是人類的一大步！

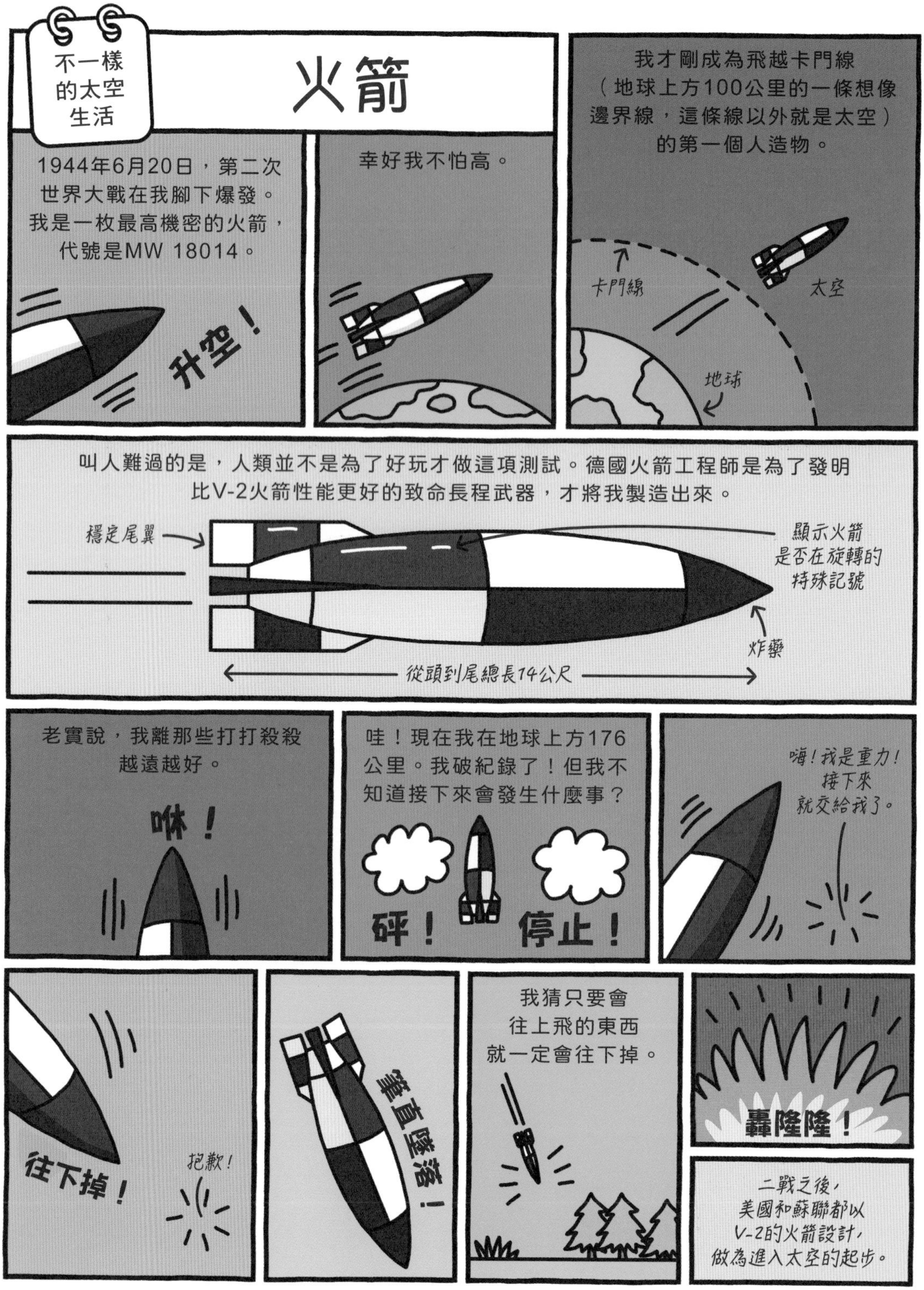
不一樣的太空生活
火箭
1944年6月20日，第二次世界大戰在我腳下爆發。我是一枚最高機密的火箭，代號是MW 18014。
升空！
幸好我不怕高。
我才剛成為飛越卡門線（地球上方100公里的一條想像邊界線，這條線以外就是太空）的第一個人造物。
卡門線
太空
地球
叫人難過的是，人類並不是為了好玩才做這項測試。德國火箭工程師是為了發明比V-2火箭性能更好的致命長程武器，才將我製造出來。
穩定尾翼
顯示火箭是否在旋轉的特殊記號
炸藥
從頭到尾總長14公尺
老實說，我離那些打打殺殺越遠越好。
咻！
哇！現在我在地球上方176公里。我破紀錄了！但我不知道接下來會發生什麼事？
砰！
停止！
嗨！我是重力！接下來就交給我了。
往下掉！
抱歉！
筆直墜落！
我猜只要會往上飛的東西就一定會往下掉。
轟隆隆！
二戰之後，美國和蘇聯都以V-2的火箭設計，做為進入太空的起步。

深入太空

發射

自從一千多年前中國人發明火藥，火箭就已經在天上飛了。
以下是火箭簡短的歷史：

火力全開！

中國士兵早在西元1232年
就已經會使用「火箭」
（尖端綁煙火的箭）。

熱鍋上的螞蟻

傳說在西元1500年，
有個叫「萬戶」的中國官吏
想把自己發射到太空中。
他試了很多方法，其中之一是坐在
一張綁著47枚煙火的椅子上。
煙火爆炸了，萬戶也從地球上消失！

火箭人I

1903年，俄國數學老師
康斯坦丁·齊奧爾科夫斯基
看了科幻小說後，
提議用火箭探索太空。
他建立的火箭技術規則
到今天依舊適用。

火箭人II

1926年，美國火箭發明家
羅伯特·戈達德發射出
第一枚現代樣式的液體燃料
火箭（綽號是「尼爾」）。
尼爾只飛行了2.5秒，
就撞毀在包心菜田裡。

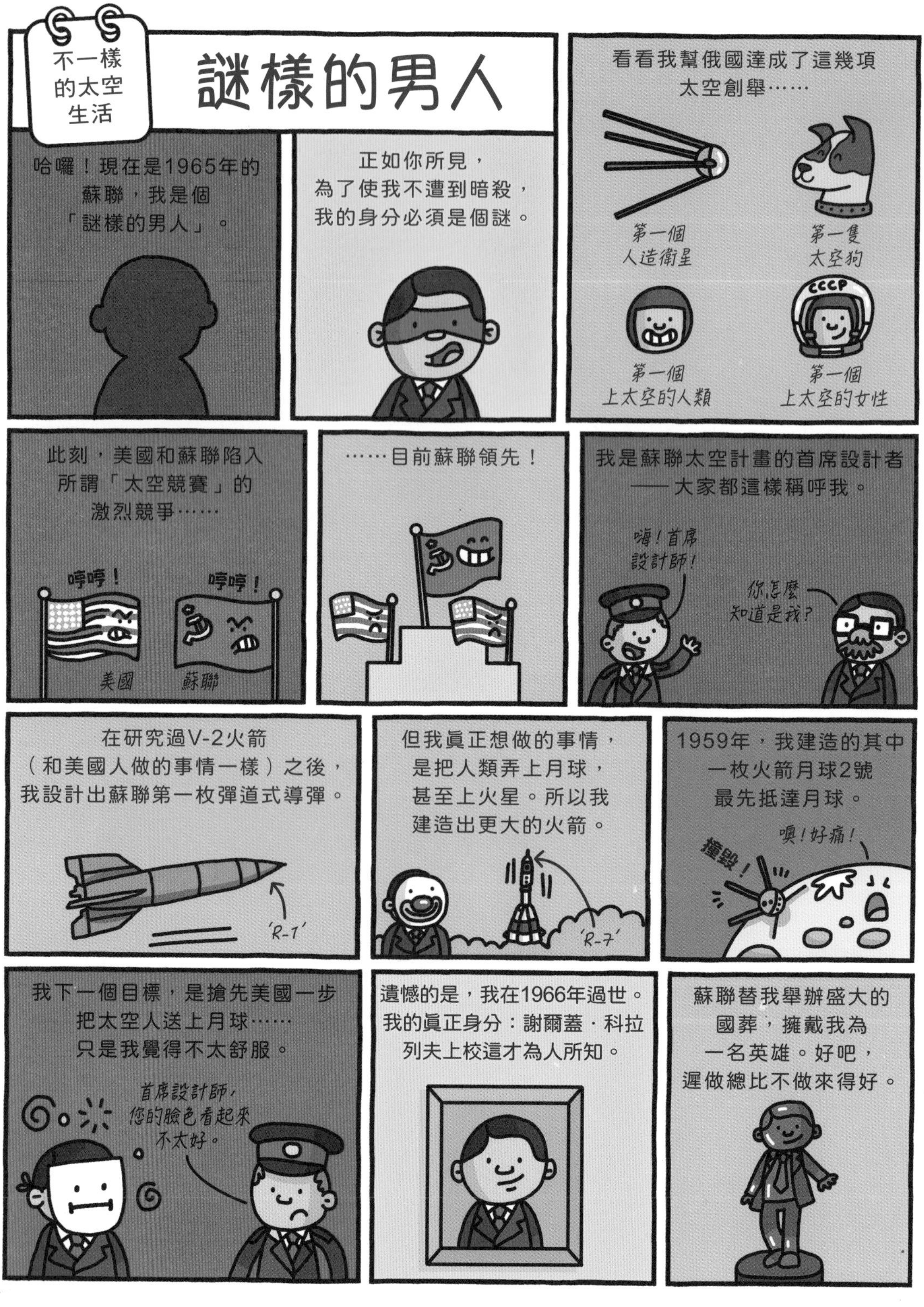

不一樣的太空生活
謎樣的男人
哈囉！現在是1965年的蘇聯，我是個「謎樣的男人」。
正如你所見，為了使我不遭到暗殺，我的身分必須是個謎。
看看我幫俄國達成了這幾項太空創舉……
第一個人造衛星
第一隻太空狗
CCCP
第一個上太空的人類
第一個上太空的女性
此刻，美國和蘇聯陷入所謂「太空競賽」的激烈競爭……
哼哼！
哼哼！
美國
蘇聯
……目前蘇聯領先！
我是蘇聯太空計畫的首席設計者——大家都這樣稱呼我。
嗨！首席設計師！
你怎麼知道是我？
在研究過V-2火箭（和美國人做的事情一樣）之後，我設計出蘇聯第一枚彈道式導彈。
'R-1'
但我真正想做的事情，是把人類弄上月球，甚至上火星。所以我建造出更大的火箭。
'R-7'
1959年，我建造的其中一枚火箭月球2號最先抵達月球。
撞毀！
噢！好痛！
我下一個目標，是搶先美國一步把太空人送上月球……只是我覺得不太舒服。
首席設計師，您的臉色看起來不太好。
遺憾的是，我在1966年過世。我的真正身分：謝爾蓋．科拉列夫上校這才為人所知。
蘇聯替我舉辦盛大的國葬，擁戴我為一名英雄。好吧，遲做總比不做來得好。

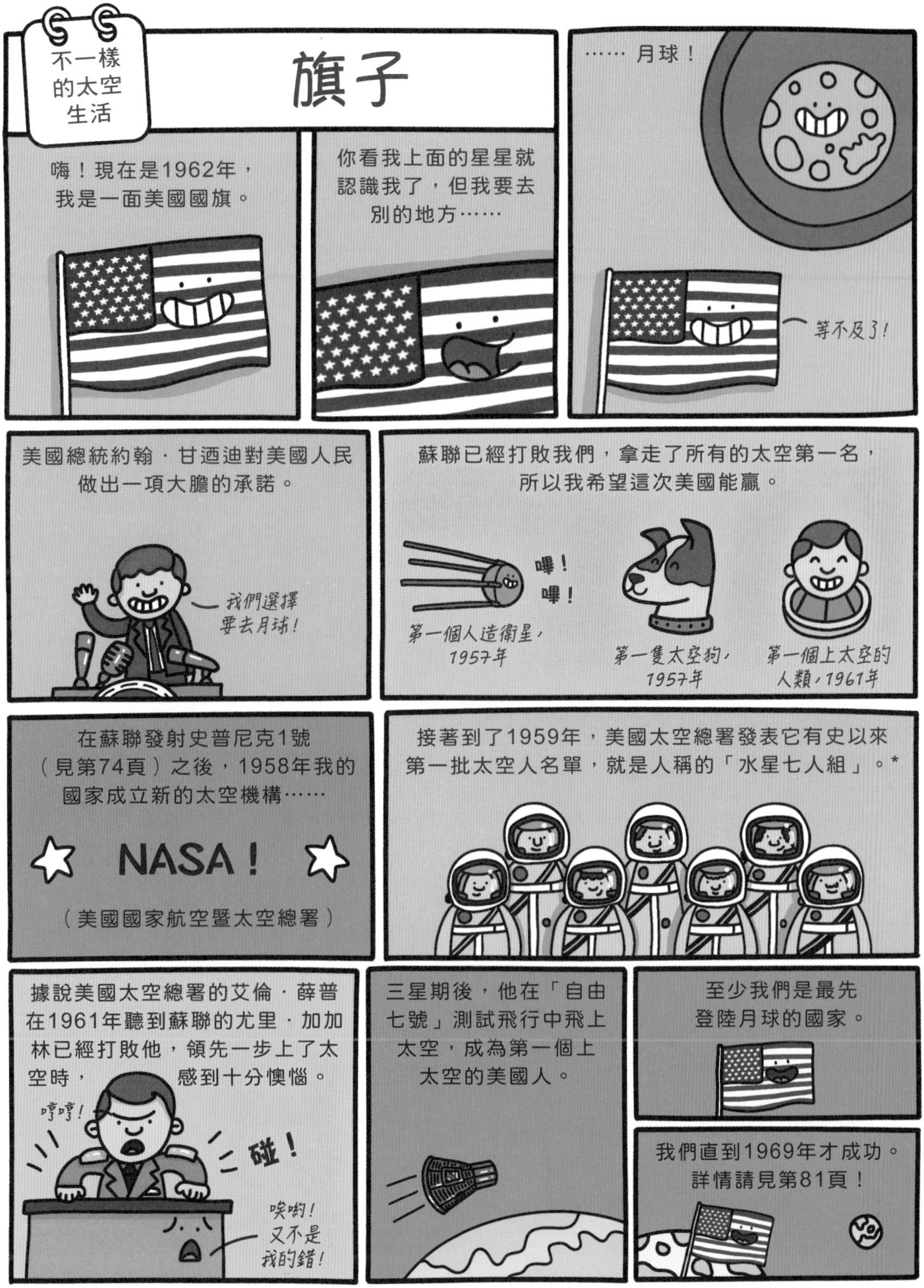

不一樣的太空生活
旗子
嗨！現在是1962年，我是一面美國國旗。
你看我上面的星星就認識我了，但我要去別的地方……
……月球！
等不及了！
美國總統約翰．甘迺迪對美國人民做出一項大膽的承諾。
我們選擇要去月球！
蘇聯已經打敗我們，拿走了所有的太空第一名，所以我希望這次美國能贏。
嗶！
嗶！
第一個人造衛星，1957年
第一隻太空狗，1957年
第一個上太空的人類，1961年
在蘇聯發射史普尼克1號（見第74頁）之後，1958年我的國家成立新的太空機構……
NASA！
（美國國家航空暨太空總署）
接著到了1959年，美國太空總署發表它有史以來第一批太空人名單，就是人稱的「水星七人組」。*
據說美國太空總署的艾倫．薛普在1961年聽到蘇聯的尤里．加加林已經打敗他，領先一步上了太空時，感到十分懊惱。
哼哼！
碰！
唉喲！又不是我的錯！
三星期後，他在「自由七號」測試飛行中飛上太空，成為第一個上太空的美國人。
至少我們是最先登陸月球的國家。
我們直到1969年才成功。詳情請見第81頁！

* 「水星七人組」是：艾倫．薛普、葛斯．葛里森、高登．庫伯、迪克．史萊頓、華利．舒拉、約翰．格連與史考特．卡本特

深入太空

火箭家族

謝爾蓋·科拉列夫（見第70頁）設計出一系列一枚比一枚更強大的火箭，讓蘇聯贏得許多太空史上的第一名。
如下的一組火箭，叫做「火箭家族」。
讓我們來見見幾枚這個家族的成員：

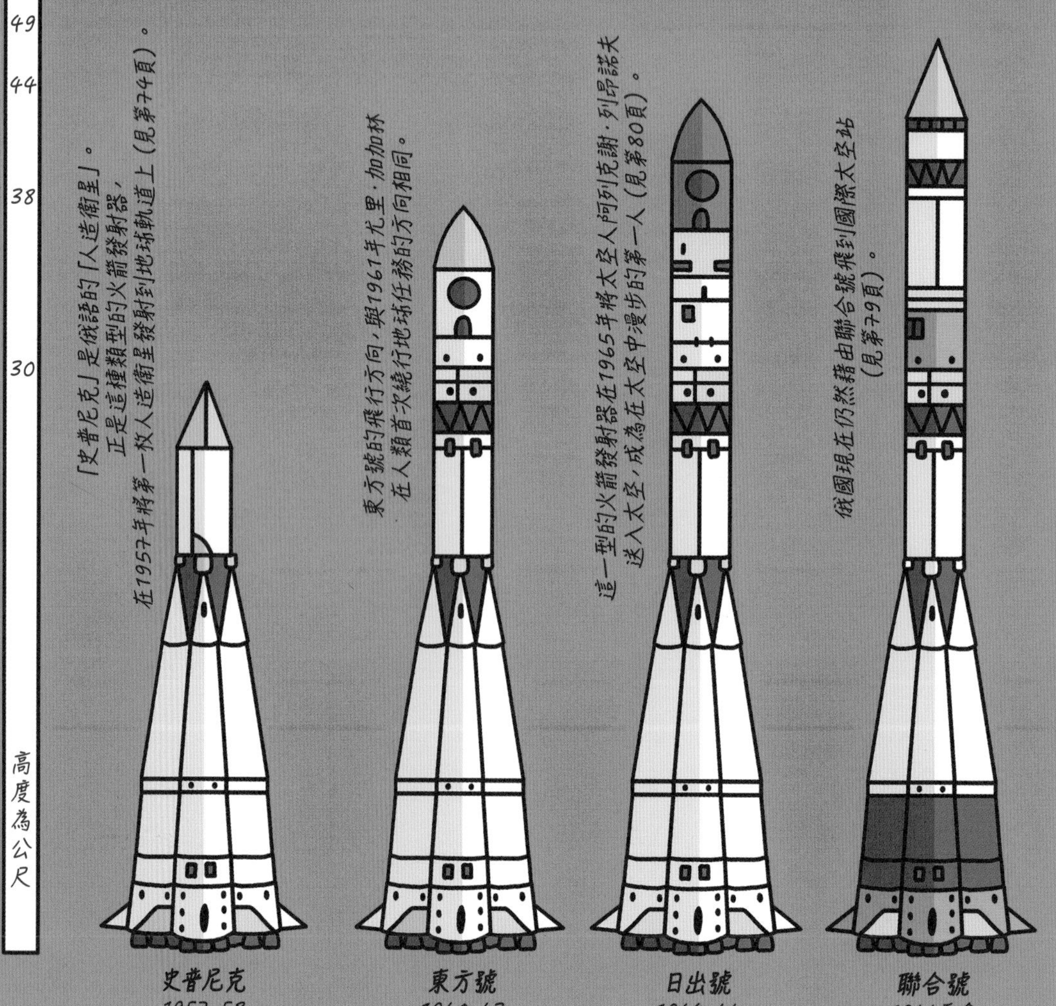

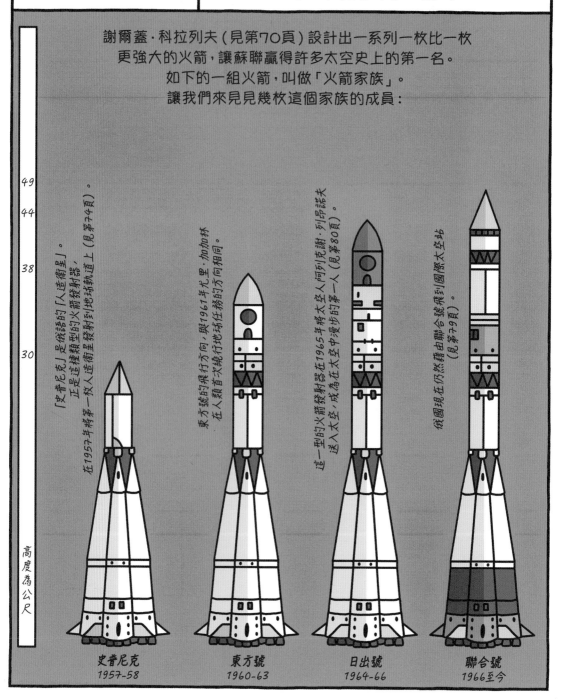

49
44
38
30
高度為公尺
「史普尼克」是俄語的「人造衛星」。
正是這種類型的火箭發射器，
在1957年將第一枚人造衛星發射到地球軌道上（見第74頁）。
東方號的飛行方向，與1961年尤里·加加林
在人類首次繞行地球任務的方向相同。
這一型的火箭發射器在1965年將太空人阿列克謝·列昂諾夫
送入太空，成為在太空中漫步的第一人（見第80頁）。
俄國現在仍然藉由聯合號飛到國際太空站
（見第79頁）。
史普尼克
1957-58
東方號
1960-63
日出號
1964-66
聯合號
1966至今

越高越遠

隨著美國太空總署的目標越來越遠，
他們火箭的尺寸也越來越大。
從一人乘坐的水星號到巨無霸的農神五號，
以下是美國在阿波羅計畫時代製造的火箭家族：

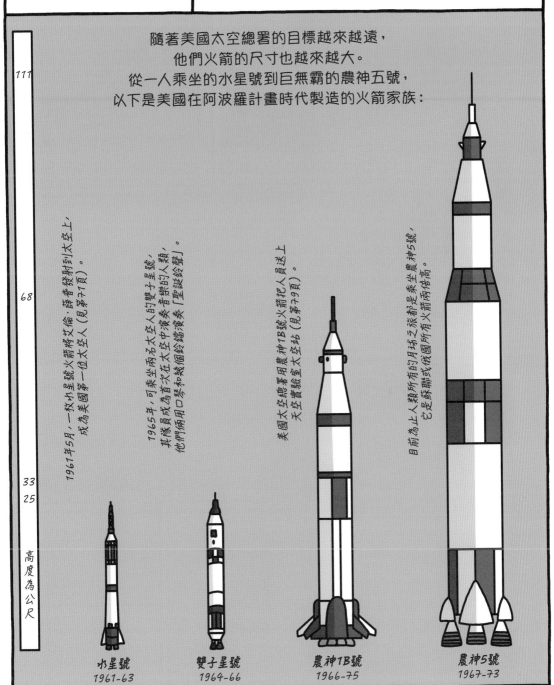

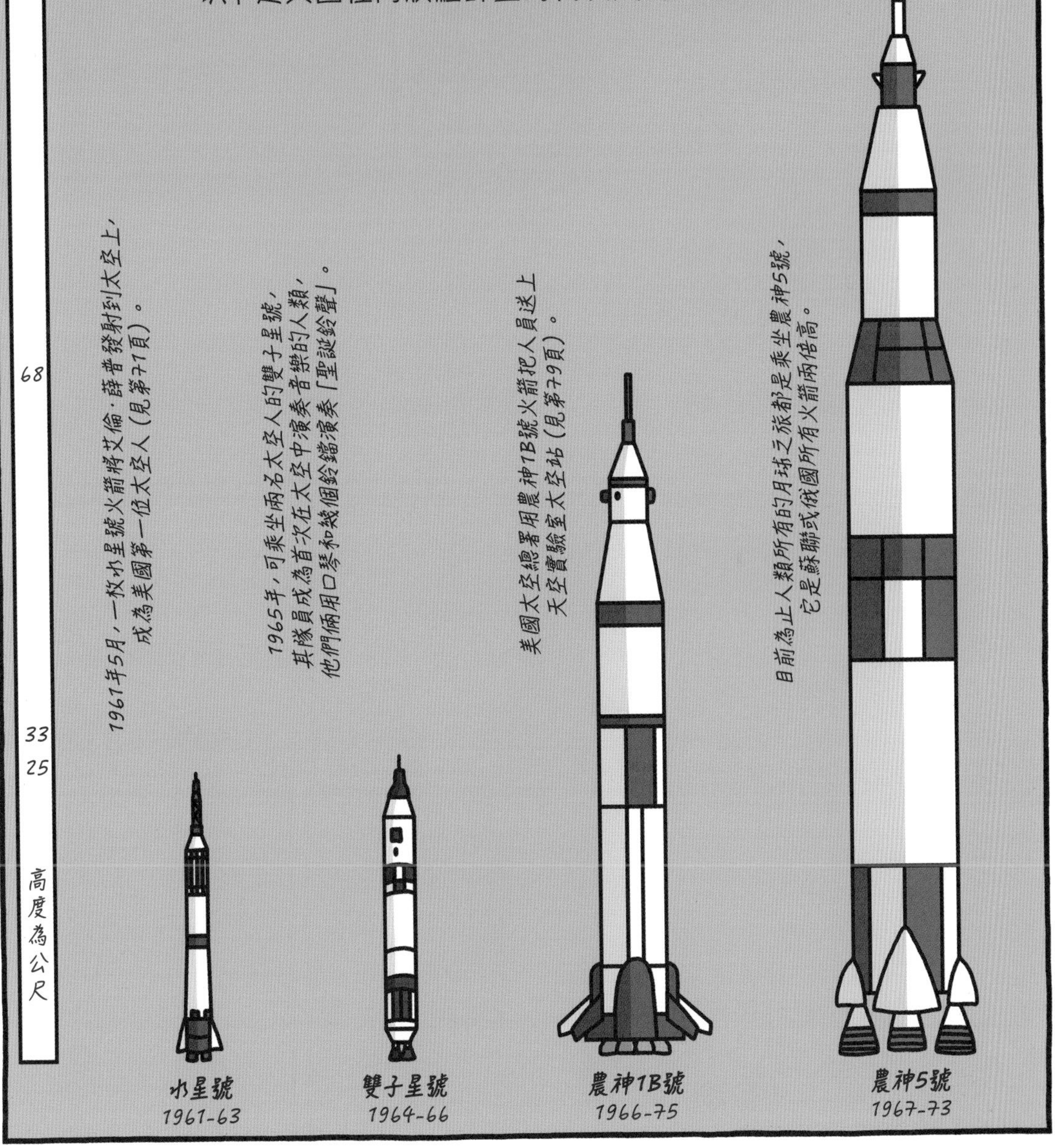
111
68
33
25
高度為公尺
1961年5月，一枚水星號火箭將艾倫．薛普發射到太空上，成為美國第一位太空人（見第71頁）。
1965年，可乘坐兩名太空人的雙子星號，其隊員成為首次在太空中演奏音樂的人類，他們倆用口琴和幾個鈴鐺演奏「聖誕鈴聲」。
美國太空總署用農神1B號火箭把人員送上天空實驗室太空站（見第79頁）。
目前為止人類所有的月球之旅都是乘坐農神5號，它是蘇聯或俄國所有火箭兩倍高。
水星號
1961-63
雙子星號
1964-66
農神1B號
1966-75
農神5號
1967-73

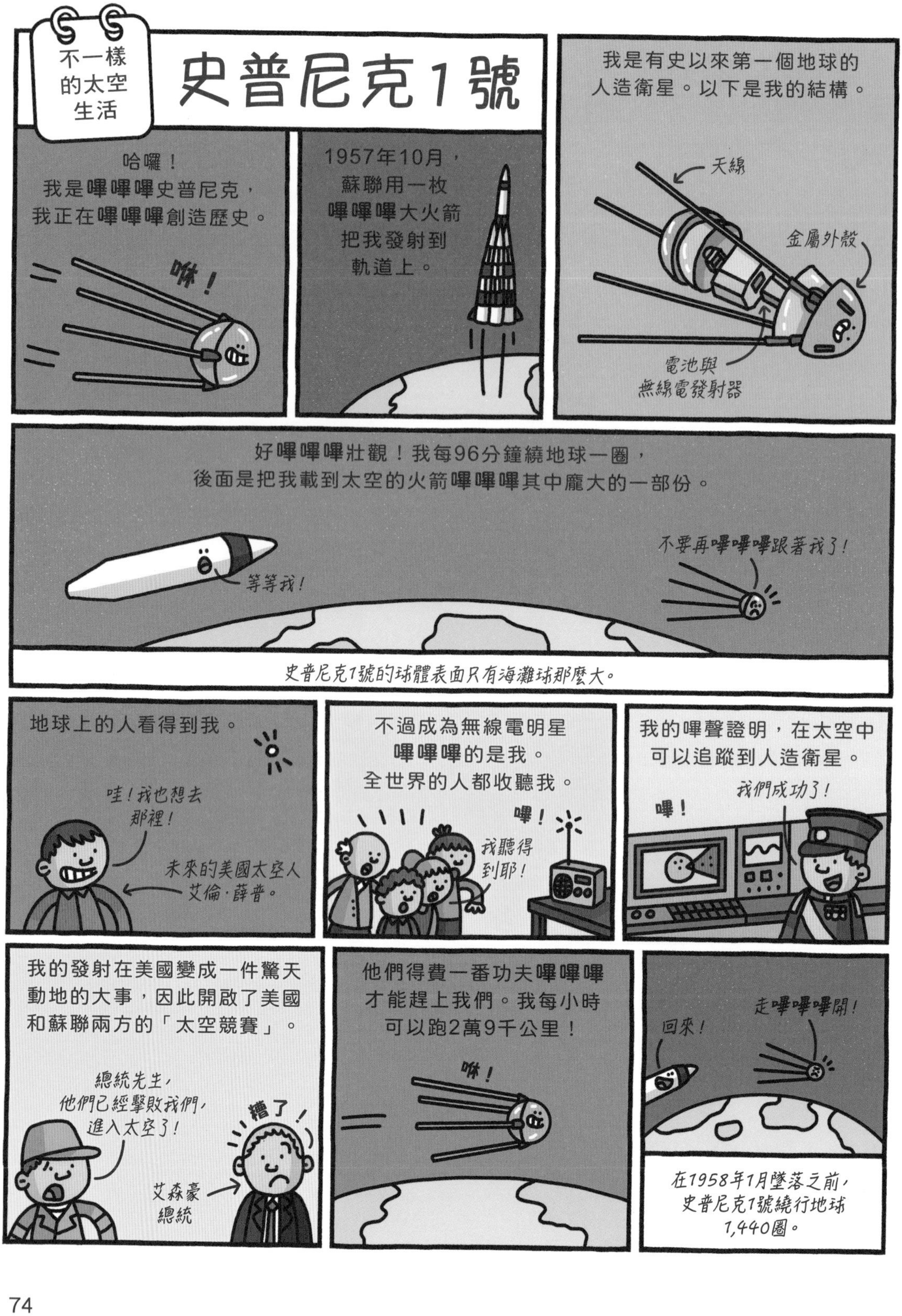
不一樣的太空生活
史普尼克1號
哈囉！
我是嗶嗶嗶史普尼克，
我正在嗶嗶嗶創造歷史。
咻！
1957年10月，
蘇聯用一枚
嗶嗶嗶大火箭
把我發射到
軌道上。
我是有史以來第一個地球的
人造衛星。以下是我的結構。
天線
金屬外殼
電池與
無線電發射器
好嗶嗶嗶壯觀！我每96分鐘繞地球一圈，
後面是把我載到太空的火箭嗶嗶嗶其中龐大的一部份。
等等我！
不要再嗶嗶嗶跟著我了！
史普尼克1號的球體表面只有海灘球那麼大。
地球上的人看得到我。
哇！我也想去
那裡！
未來的美國太空人
艾倫·薛普。
不過成為無線電明星
嗶嗶嗶的是我。
全世界的人都收聽我。
嗶！
我聽得
到耶！
我的嗶聲證明，在太空中
可以追蹤到人造衛星。
嗶！
我們成功了！
我的發射在美國變成一件驚天
動地的大事，因此開啟了美國
和蘇聯兩方的「太空競賽」。
總統先生，
他們已經擊敗我們，
進入太空了！
糟了！
艾森豪
總統
他們得費一番功夫嗶嗶嗶
才能趕上我們。我每小時
可以跑2萬9千公里！
咻！
回來！
走嗶嗶嗶開！
在1958年1月墜落之前，
史普尼克1號繞行地球
1,440圈。

深入太空

離開地球的生活

75年來，人類一直靠著動物的幫忙來研究太空旅行的風險（當然，牠們別無選擇）。包括升空、無重力，以及太空輻射的風險，人類都先用其他生物加以測試。以下是幾種大名鼎鼎的太空動物：

大有前途的蒼蠅

最先上太空的生物是蒼蠅。1947年美國把果蠅放進從敵方拿到的V-2火箭頭裡，火箭離地，飛到109公里高的太空中。

宇宙犬

1957年11月，莫斯科的流浪狗萊卡成為繞行地球的第一隻動物。令人難過的是她在出任務時死去，因此激怒許多動物愛護者。

完美的貓咪降落

1963年，法國把菲麗賽特發射到太空中，牠成為第一隻（也是目前為止唯一的一隻）太空貓。這隻貓安全回到地球並受到喝采，被當成女英雄！

火力全開的陸龜

蘇聯在1968年將兩隻陸龜（外加一些果蠅卵）送去繞行月球。牠們成為最早繞月球一圈的動物。

太空蜘蛛

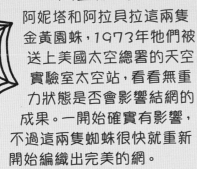

阿妮塔和阿拉貝拉這兩隻金黃園蛛，1973年牠們被送上美國太空總署的天空實驗室太空站，看看無重力狀態是否會影響結網的成果。一開始確實有影響，不過這兩隻蜘蛛很快就重新開始編織出完美的網。

太空生存者

2007年，一些只能從顯微鏡裡看到的迷你生物水熊蟲，在一枚人造衛星表面的開放空間度過了12天。令人訝異的是，有些水熊蟲活了下來（詳細內容見第108頁）。

太空猴
的祕密日記

摘自太空競賽時代的
一隻松鼠猴「貝克小姐」
的日記。

那次歷史性飛航之前的我

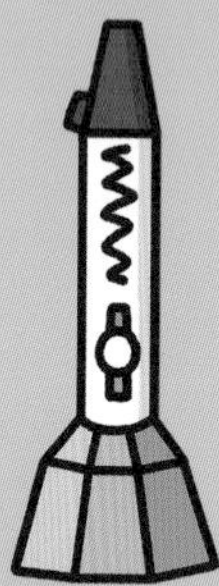

木星火箭

在太空艙裡的我

1959年初

抱歉，我不知道確切日期。人類把我從家鄉秘魯，一路帶到了美國佛羅里達的寵物店（違反我的意願！）。更糟的是，看來我和其他25隻猴子接下來還有行程。我們全都被賣到美國太空總署，天知道他們想要我們做什麼，去找太空香蕉嗎？

一週後

現在我知道美國太空總署要我們幹嘛了。他們準備要讓我們坐上其中一枚木星火箭上太空。我想看的唯一「空間」，就是長滿樹木的綠油油空間。我的打算是對科學家超級友善，好讓他們選擇其他猴子去太空。

第二天

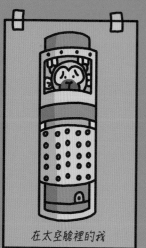

好吧，這造成反效果了。因為我太溫和友善、太好相處，科學家最後就選了我。他們替我量身打造了一個特殊的太空艙，還給了我一頂小小的太空人頭盔，裡面連接著監測我身體狀況的電極。太不公平了！

1959年5月28日（一大清早）

看來我就要踏上另一場違背我意願的旅程了。今天破曉前，我和一隻比我體型大些的恆河猴，搭上我們的太空艙，被放進木星火箭頭錐。他們替她取名叫「艾珀」，然後叫我「貝克小姐」。人類的血液樣本、酵母、細菌、芥末籽和洋蔥等等也上了火箭。但是火箭裡沒香蕉。可惡！

我的旅伴

1959年5月28日（稍晚）

萬歲！我們都活下來了！我們飛到480公里高的天上待了16分鐘，其中9分鐘處於無重力狀態。在海面上降落之後，有人坐著大船來救我們。我還在我的「救星」的手臂上咬了一口。他活該！我又沒要他們讓我上太空！

第二天

我出名了！報章雜誌稱我和艾珀是太空猴，我坐在一枚模型火箭上照相。由於美國和蘇聯在互別苗頭，美國太空總署很高興我們活著回來。我也很高興！好啦，那太空香蕉在哪裡？

那次歷史性飛航之後的我

貝克小姐活了27歲（打破松鼠猴的紀錄！），在飛行25週年紀念日時，牠得到澆上草莓果醬的香蕉當點心！

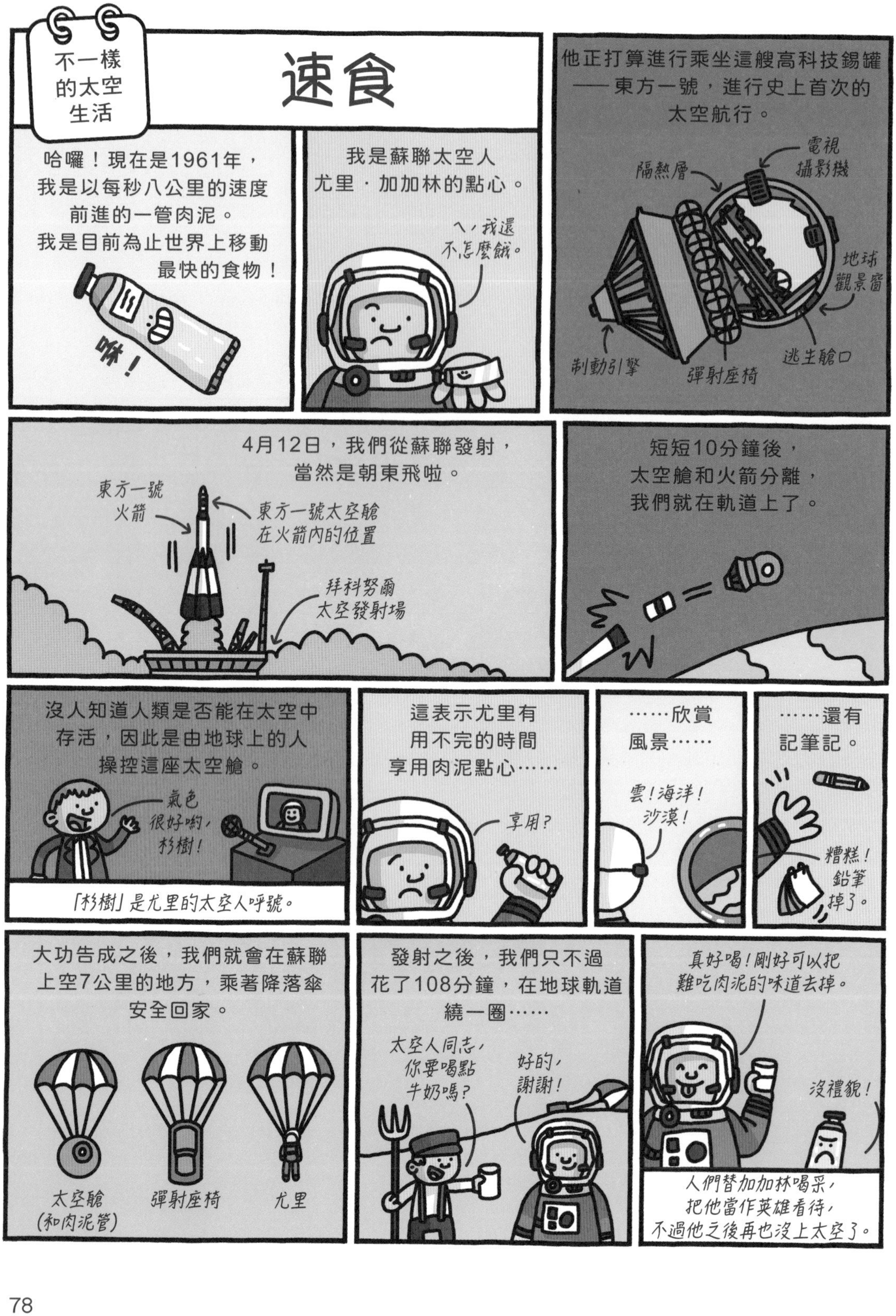
不一樣
的太空
生活
速食
哈囉！現在是1961年，
我是以每秒八公里的速度
前進的一管肉泥。
我是目前為止世界上移動
最快的食物！
咻！
我是蘇聯太空人
尤里．加加林的點心。
ㄟ，我還
不怎麼餓。
他正打算進行乘坐這艘高科技錫罐
——東方一號，進行史上首次的
太空航行。
電視
攝影機
隔熱層
地球
觀景窗
制動引擎
彈射座椅
逃生艙口
4月12日，我們從蘇聯發射，
當然是朝東飛啦。
東方一號
火箭
東方一號太空艙
在火箭內的位置
拜科努爾
太空發射場
短短10分鐘後，
太空艙和火箭分離，
我們就在軌道上了。
沒人知道人類是否能在太空中
存活，因此是由地球上的人
操控這座太空艙。
氣色
很好喲，
杉樹！
「杉樹」是尤里的太空人呼號。
這表示尤里有
用不完的時間
享用肉泥點心……
享用？
……欣賞
風景……
雲！海洋！
沙漠！
……還有
記筆記。
糟糕！
鉛筆
掉了。
大功告成之後，我們就會在蘇聯
上空7公里的地方，乘著降落傘
安全回家。
太空艙
(和肉泥管)
彈射座椅
尤里
發射之後，我們只不過
花了108分鐘，在地球軌道
繞一圈……
太空人同志，
你要喝點
牛奶嗎？
好的，
謝謝！
真好喝！剛好可以把
難吃肉泥的味道去掉。
沒禮貌！
人們替加加林喝采，
把他當作英雄看待，
不過他之後再也沒上太空了。

明星太空人

蘇聯太空人尤里·加加林
是第一個飛上太空的人類，
以下是其他留名青史的太空先鋒：

瓦倫提娜·泰雷斯可娃

蘇聯太空人瓦倫提娜
是一名優秀的高空跳傘員，
她在1963年成為第一位
上太空的女性。
代號「海鷗」
（俄文是Chaika）的她，
至今仍是上過太空的
最年輕女性。

艾倫·薛普

1961年，艾倫成為第一位
上太空的美國人
（見第71頁）。
十年後，他飛上月球，
至今是唯一在月球表面
打高爾夫的人。

尼爾·阿姆斯壯

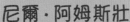

1969年7月20日，
美國太空總署的太空人
尼爾·阿姆斯壯，成為在月球上
漫步的第一個人（見第81頁）。
阿姆斯壯的名氣超大，
他的理髮師甚至保留他剪下來的
頭髮，賣給收藏家。

楊利偉

2003年，楊利偉成為第一位
中國太空人，那次的太空任務使中國
（繼美國與蘇聯／俄國之後）
成為第三大獨立的太空國家。

丹尼斯·提托

美國工程師丹尼斯
是第一位太空遊客。
2001年，他支付二千萬美元，
在國際太空站住了八天。

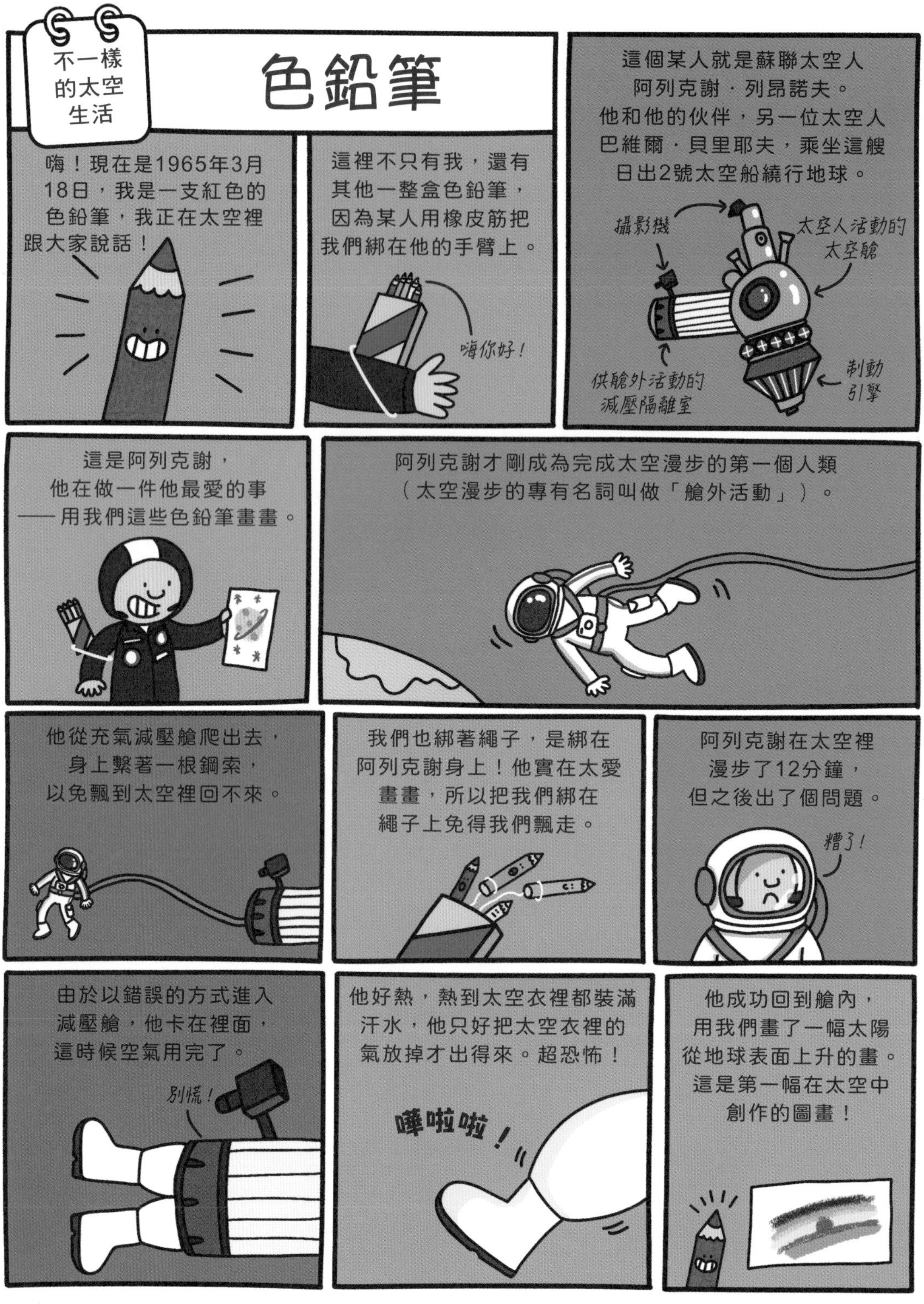
不一樣的太空生活
色鉛筆
嗨！現在是1965年3月18日，我是一支紅色的色鉛筆，我正在太空裡跟大家說話！
這裡不只有我，還有其他一整盒色鉛筆，因為某人用橡皮筋把我們綁在他的手臂上。
嗨你好！
這個某人就是蘇聯太空人阿列克謝．列昂諾夫。他和他的伙伴，另一位太空人巴維爾．貝里耶夫，乘坐這艘日出2號太空船繞行地球。
攝影機
太空人活動的太空艙
供艙外活動的減壓隔離室
制動引擎
這是阿列克謝，他在做一件他最愛的事——用我們這些色鉛筆畫畫。
阿列克謝才剛成為完成太空漫步的第一個人類（太空漫步的專有名詞叫做「艙外活動」）。
他從充氣減壓艙爬出去，身上繫著一根鋼索，以免飄到太空裡回不來。
我們也綁著繩子，是綁在阿列克謝身上！他實在太愛畫畫，所以把我們綁在繩子上免得我們飄走。
阿列克謝在太空裡漫步了12分鐘，但之後出了個問題。
糟了！
由於以錯誤的方式進入減壓艙，他卡在裡面，這時候空氣用完了。
別慌！
他好熱，熱到太空衣裡都裝滿汗水，他只好把太空衣裡的氣放掉才出得來。超恐怖！
嘩啦啦！
他成功回到艙內，用我們畫了一幅太陽從地球表面上升的畫。這是第一幅在太空中創作的圖畫！

不一樣的太空生活
一塊石頭
噢，很高興見到各位！晚上在這座博物館裡真寂寞……
……特別是因為窗戶外就能看見我的老家。唉！
我還記得你們人類第一次踏上我的月球的那一天。那是1969年7月20日。
指揮官尼爾·阿姆斯壯
我的一小步，是人類的一大步。
糟糕，麻煩來了！
那是阿波羅11號的飛行任務，尼爾·阿姆斯壯和巴斯·艾德林是來看我的美國人。*
巴茲，笑一個！
我在笑啊，尼爾！
喀嚓！
自從1968年阿波羅8號來這裡拍了些照片之後，我就一直期待訪客的到來。
喀嚓！
我要說西瓜很「甜」嗎？
他們還拍了這張地球的美照。
「地出」
登陸後阿姆斯壯和艾德林在月球表面只走了二個半小時。
不過他們還是有時間去：
彈！
在很小的重力之下用很好笑的樣子走路。
插上第71頁的那面旗子。
在塵埃上留下腳印。
他們在這裡的時候，採集了我以及總共21.55公斤的其他石頭和土壤樣本，拿回地球去。
等等！我已經在這裡44億年了！
噢，他們還留下幾袋他們的便便和尿尿。
不，別走！
回來！
不知道我到底還能不能回到那裡。哭哭！
不知道他們還會不會回來找我們。
哭哭！

* 阿姆斯壯與艾德林造訪月球表面時，第三名太空人麥可·柯林斯留在指揮艙內。

宇宙宏觀

從1969年到1972年，美國太空總署的阿波羅任務一共送了12名太空人上月球。強有力的農神5號運載火箭每一次把3名太空人推上太空，進行150萬公里的往返月球行程。這些任務都是利用地球與月球的重力，在太空中飛出巨大的8字型。1970年代初，火箭發射是全世界數百萬人時常在電視上觀看的畫面。

多節火箭

好幾層強有力的火箭疊在一起，構成農神5號，我們稱這些火箭為「節」。

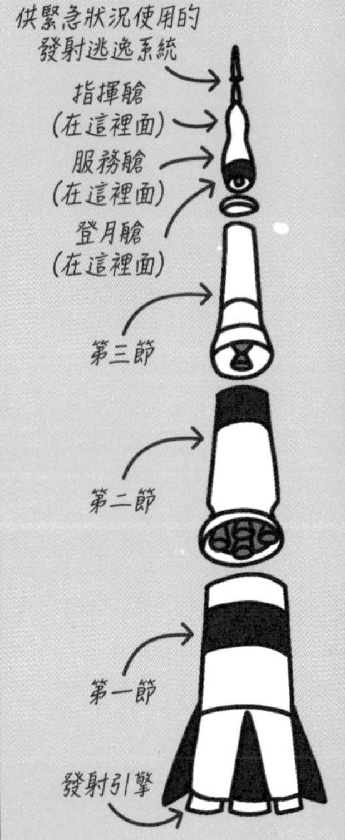

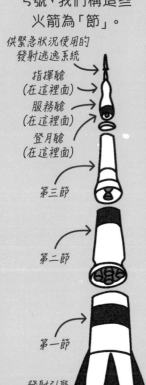

供緊急狀況使用的發射逃逸系統
指揮艙(在這裡面)
服務艙(在這裡面)
登月艙(在這裡面)
第三節
第二節
第一節
發射引擎

阿波羅號任務：從發射到濺落

1.這艘在美國佛羅里達州卡納維爾角發射基地的太空船，被射入太空繞著地球軌道，接著朝月球飛去。

2.各節火箭依序在燃料用完之後掉落。

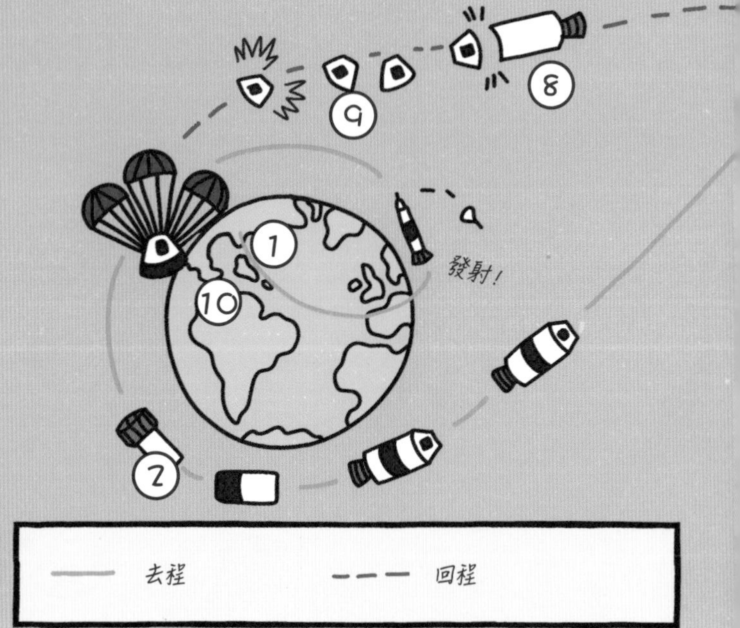

8
9
1
發射！
10
2
去程
回程

往返月球

3.脫離第三節之後，
太空人乘坐的指揮艙
和服務艙轉向，
與登月艙結合。

4.結合之後，指揮艙、
服務艙與登月艙掉頭
進入月球軌道。

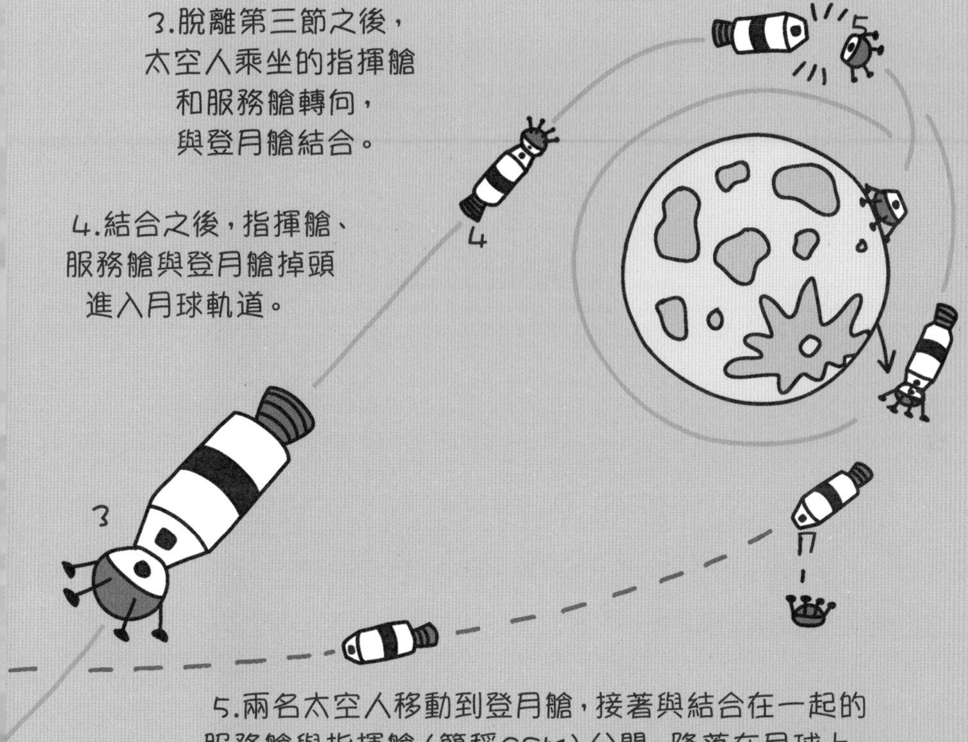

5
4
3

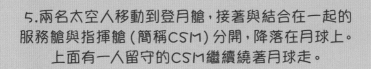

5.兩名太空人移動到登月艙，接著與結合在一起的
服務艙與指揮艙（簡稱CSM）分開，降落在月球上。
上面有一人留守的CSM繼續繞著月球走。

6.在月球一段時間之後，登月艙升空，與CSM結合。

7.現在所有太空人都回到CSM，他們就將登月艙拋棄。

8.靠近地球時，載人的指揮艙與服務艙分離。

9.指揮艙掉頭，好讓它的隔熱罩面對地球大氣層。
再次進入地球會超級無敵熱！

10.掉進水裡了！指揮艙將三個降落傘充氣，
降落在海面上，等待海軍的船來回收。

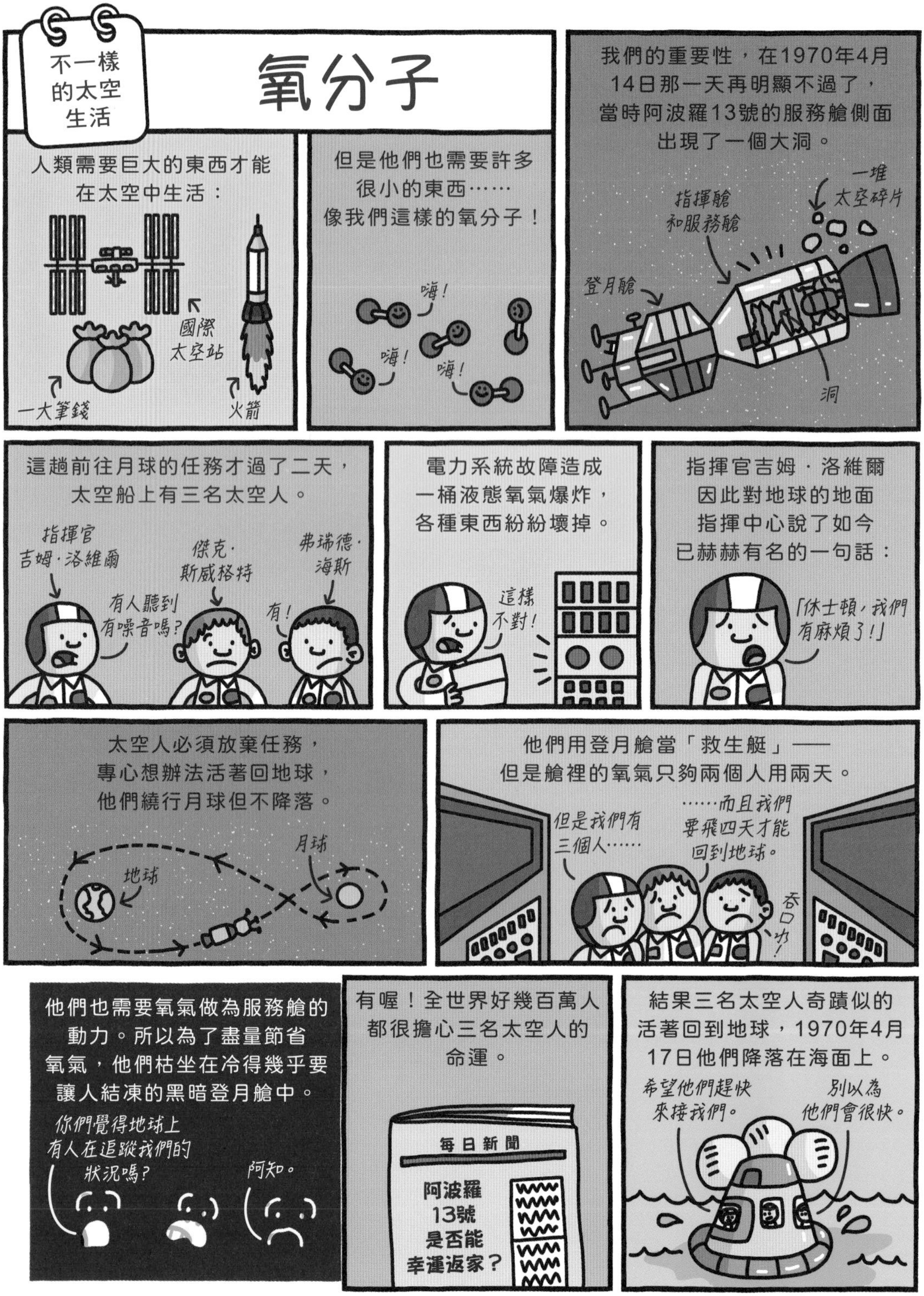

不一樣的太空生活
氧分子
人類需要巨大的東西才能在太空中生活：
國際太空站
一大筆錢
火箭
但是他們也需要許多很小的東西……像我們這樣的氧分子！
嗨！
嗨！
嗨！
我們的重要性，在1970年4月14日那一天再明顯不過了，當時阿波羅13號的服務艙側面出現了一個大洞。
指揮艙和服務艙
一堆太空碎片
登月艙
洞
這趟前往月球的任務才過了二天，太空船上有三名太空人。
指揮官吉姆·洛維爾
傑克·斯威格特
弗瑞德·海斯
有人聽到有噪音嗎？
有！
電力系統故障造成一桶液態氧氣爆炸，各種東西紛紛壞掉。
這樣不對！
指揮官吉姆·洛維爾因此對地球的地面指揮中心說了如今已赫赫有名的一句話：
「休士頓，我們有麻煩了！」
太空人必須放棄任務，專心想辦法活著回地球，他們繞行月球但不降落。
月球
地球
他們用登月艙當「救生艇」——但是艙裡的氧氣只夠兩個人用兩天。
但是我們有三個人……
……而且我們要飛四天才能回到地球。
吞口水！
他們也需要氧氣做為服務艙的動力。所以為了盡量節省氧氣，他們枯坐在冷得幾乎要讓人結凍的黑暗登月艙中。
你們覺得地球上有人在追蹤我們的狀況嗎？
阿知。
有喔！全世界好幾百萬人都很擔心三名太空人的命運。
每日新聞
阿波羅13號是否能幸運返家？
結果三名太空人奇蹟似的活著回到地球，1970年4月17日他們降落在海面上。
希望他們趕快來接我們。
別以為他們會很快。

深入太空

月球上好快活

在最後三次阿波羅任務中，美國太空總署引進了月球車（也稱做「月球沙灘車」或簡稱LRV），相形之下月球漫步顯得很老套。以下介紹在月球兜風、最有名的幾部月球車：

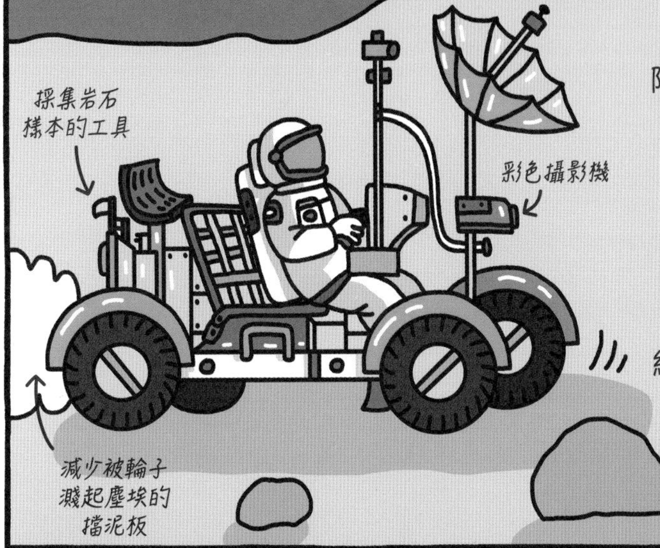
採集岩石
樣本的工具
彩色攝影機
減少被輪子
濺起塵埃的
擋泥板

實況轉播

阿波羅17號指揮官尤金·瑟曼破了月球車的時速紀錄，在月球岩石表面時速達到每小時18公里。在登月艙升空之前，這輛月球車就停在它對面，因此月球車的攝影機可以紀錄登月艙返回地球的畫面。直到今天還有三輛月球車停在月球上。

向前滾動

這是一台外表像帶有輪子的錫製澡盆的蘇聯遙控探測器——月面步行者2號（俄文是Lunokhod 2）。它在1973年初登陸，一共走了39公里，打破當時月球車行駛距離的紀錄！

日本宇宙航空研究開發機構 JAXA，計畫送一個小球狀的機器人探測器（它的直徑只有80公釐！）去探測月球表面。

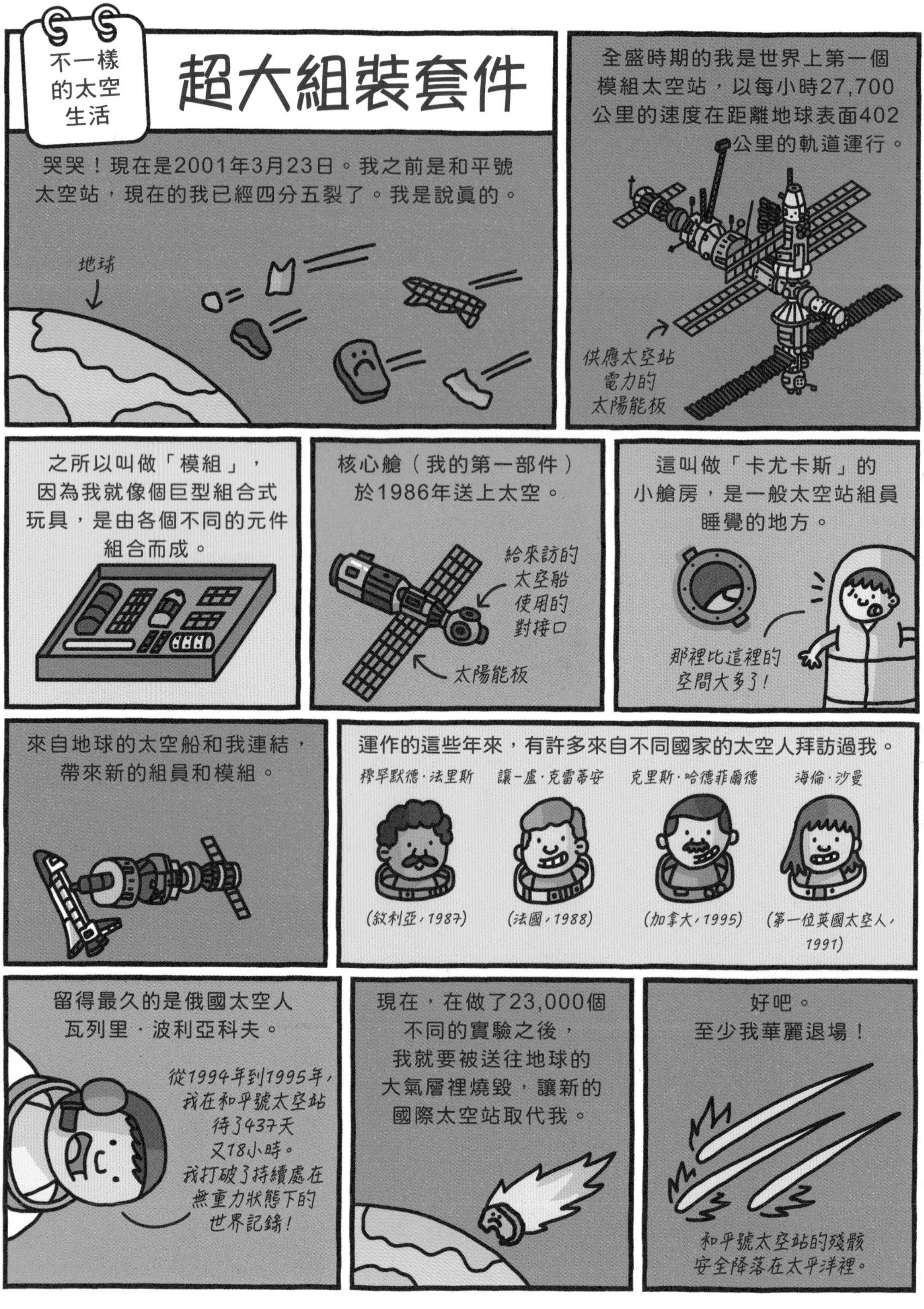
不一樣的太空生活
超大組裝套件
哭哭！現在是2001年3月23日。我之前是和平號太空站，現在的我已經四分五裂了。我是說真的。
地球
全盛時期的我是世界上第一個模組太空站，以每小時27,700公里的速度在距離地球表面402公里的軌道運行。
供應太空站電力的太陽能板
之所以叫做「模組」，因為我就像個巨型組合式玩具，是由各個不同的元件組合而成。
核心艙（我的第一部件）於1986年送上太空。
給來訪的太空船使用的對接口
太陽能板
這叫做「卡尤卡斯」的小艙房，是一般太空站組員睡覺的地方。
那裡比這裡的空間大多了！
來自地球的太空船和我連結，帶來新的組員和模組。
運作的這些年來，有許多來自不同國家的太空人拜訪過我。
穆罕默德·法里斯
（敘利亞，1987）
讓－盧·克雷蒂安
（法國，1988）
克里斯·哈德菲爾德
（加拿大，1995）
海倫·沙曼
（第一位英國太空人，1991）
留得最久的是俄國太空人瓦列里·波利亞科夫。
從1994年到1995年，我在和平號太空站待了437天又18小時。我打破了持續處在無重力狀態下的世界記錄！
現在，在做了23,000個不同的實驗之後，我就要被送往地球的大氣層裡燒毀，讓新的國際太空站取代我。
好吧。至少我華麗退場！
和平號太空站的殘骸安全降落在太平洋裡。

深入太空

蓄勢待發

太空站是繞行地球的高科技實驗室。
在太空站上的科學家會進行許多項實驗。
其中之一的實驗，是趕在人類到達火星旅行之前，
研究生物長時間在太空生活受到的影響。
以下是在過去、現在以及未來的幾個有名的太空站：

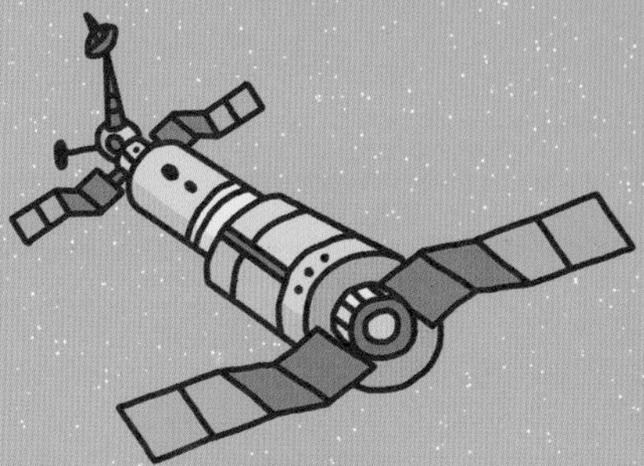

禮炮1號

禮炮1號（Salyut是俄文「致敬」的意思）是全球第一個太空站。
它於1971年由蘇聯發射，這個名字是要向第一個上太空的人類尤里·加加林致敬。

太空實驗室

於1973年發射的太空實驗室，是美國第一個太空站，有好幾百個實驗在這裡進行。1979年，在澳洲西部上方解體。

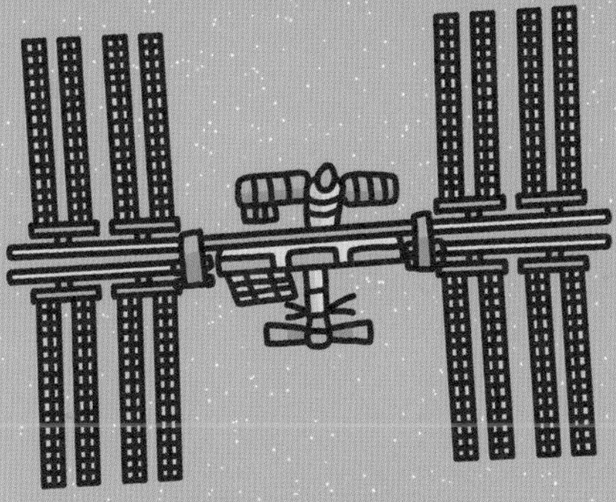

國際太空站

國際太空站是目前為止建造過最大的太空站，從2000年開始持續有人員前往。

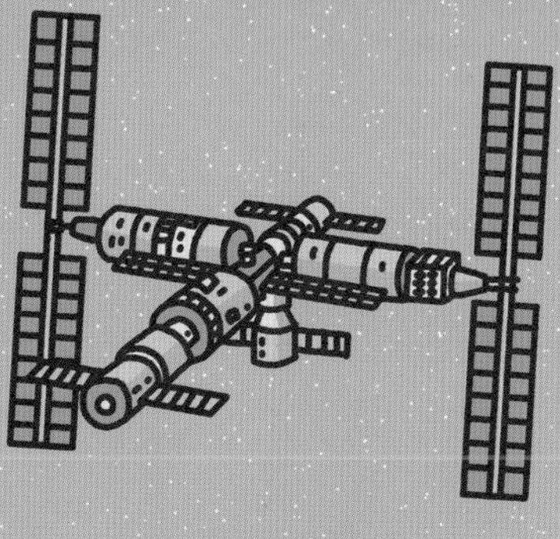

天宮太空站

中國在2021年發射了天宮太空站的第一個模組。從上圖可以看出它完成時的樣子。

太空鼠
的祕密日記

摘自ROD–3NT——
又稱「吱吱」——的日記，
它是被科學家帶到國際太空站
研究無重力影響的老鼠。

我們飄在籠子裡

第1天

飛上天可真不得了啊！不過幾小時以前在地球上，
人類把裝著我和其他九隻老鼠的籠子放進一個閃亮亮的大火箭裡。
現在我們就已經在人類稱做「國際太空站」的實驗室，在籠子裡飄來飄去。
我聽到兩個人類（他們總共有六個人）說明天他們要觀察我們。
好喔，我要以牙還牙，明天他們研究我的時候，我也要來研究他們！

人類是這樣睡覺的

第2天

我開始觀察人類了！
我用尾巴把自己固定在籠子上，
我發現原來人類也用類似的方法睡覺。
他們把睡袋固定在小艙房裡的牆上。
其中一個人醒來時從一個小袋子裡
弄了些水抹在臉上。
水黏在他的皮膚上，他再用毛巾擦掉。
我不覺得他們能用流動的水洗臉，
因為水會到處飄，就跟我們老鼠一樣！

氣喘
吁吁
根本沒前進的人

第4天

今天我看到一個人把自己綁在一個地板會移動的奇怪機器上，在上面跑了一個多小時。我想那叫做「跑步機」。人類每天都會在上面跑步，以維持肌肉和骨骼的健壯。它讓我聯想到我在地球時在輪子裡做的運動。

第5天

我和其他老鼠已經很能掌控這種輕飄飄的「無重力」狀態了，科學家們因此非常興奮。他們用扶手在太空站裡四處移動，我們這些老鼠也用腳做類似的事。這裡做什麼事感覺都慢吞吞、又笨手笨腳，但顯然國際太空站移動的非常快，它每90分鐘就繞地球一圈。那可是每天經歷16次破曉呢！

漂浮！
抓牢囉！
又有人來了！

第6天

今天是星期天，所以大部分人類都放假。有人打電話或寫電子郵件給家人，還有人就只是欣賞窗外令人讚嘆的美景。

太壯觀了！

第30天

萬歲！實驗結束，我們終於要回家了。我非常期待再次變重。掰掰！

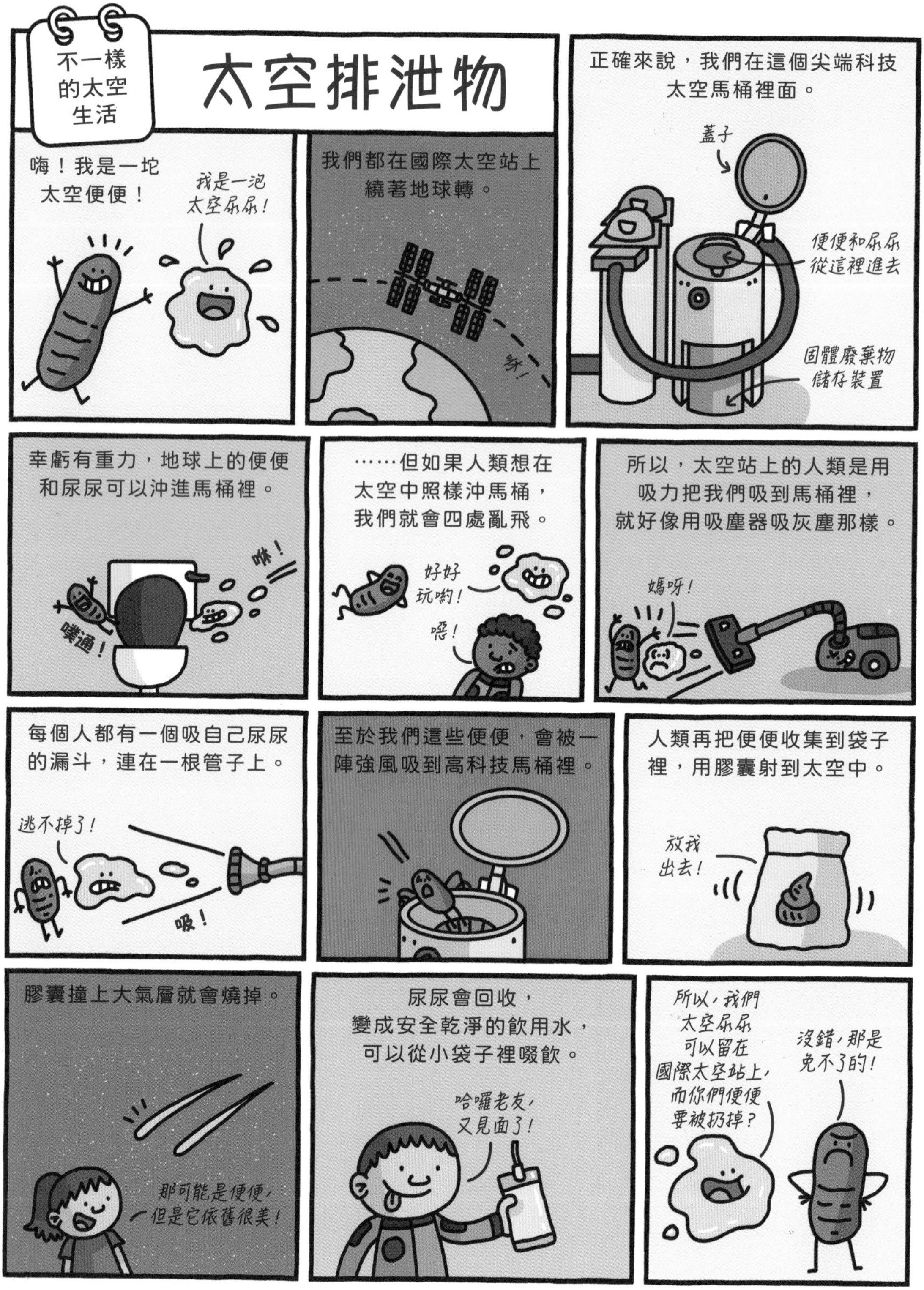
不一樣的太空生活
太空排泄物
嗨！我是一坨太空便便！
我是一泡太空尿尿！
我們都在國際太空站上繞著地球轉。
咻！
正確來說，我們在這個尖端科技太空馬桶裡面。
蓋子
便便和尿尿從這裡進去
固體廢棄物儲存裝置
幸虧有重力，地球上的便便和尿尿可以沖進馬桶裡。
咻！
噗通！
……但如果人類想在太空中照樣沖馬桶，我們就會四處亂飛。
好好玩喲！
嗯！
所以，太空站上的人類是用吸力把我們吸到馬桶裡，就好像用吸塵器吸灰塵那樣。
媽呀！
每個人都有一個吸自己尿尿的漏斗，連在一根管子上。
逃不掉了！
吸！
至於我們這些便便，會被一陣強風吸到高科技馬桶裡。
人類再把便便收集到袋子裡，用膠囊射到太空中。
放我出去！
膠囊撞上大氣層就會燒掉。
那可能是便便，但是它依舊很美！
尿尿會回收，變成安全乾淨的飲用水，可以從小袋子裡啜飲。
哈囉老友，又見面了！
所以，我們太空尿尿可以留在國際太空站上，而你們便便要被扔掉？
沒錯，那是免不了的！

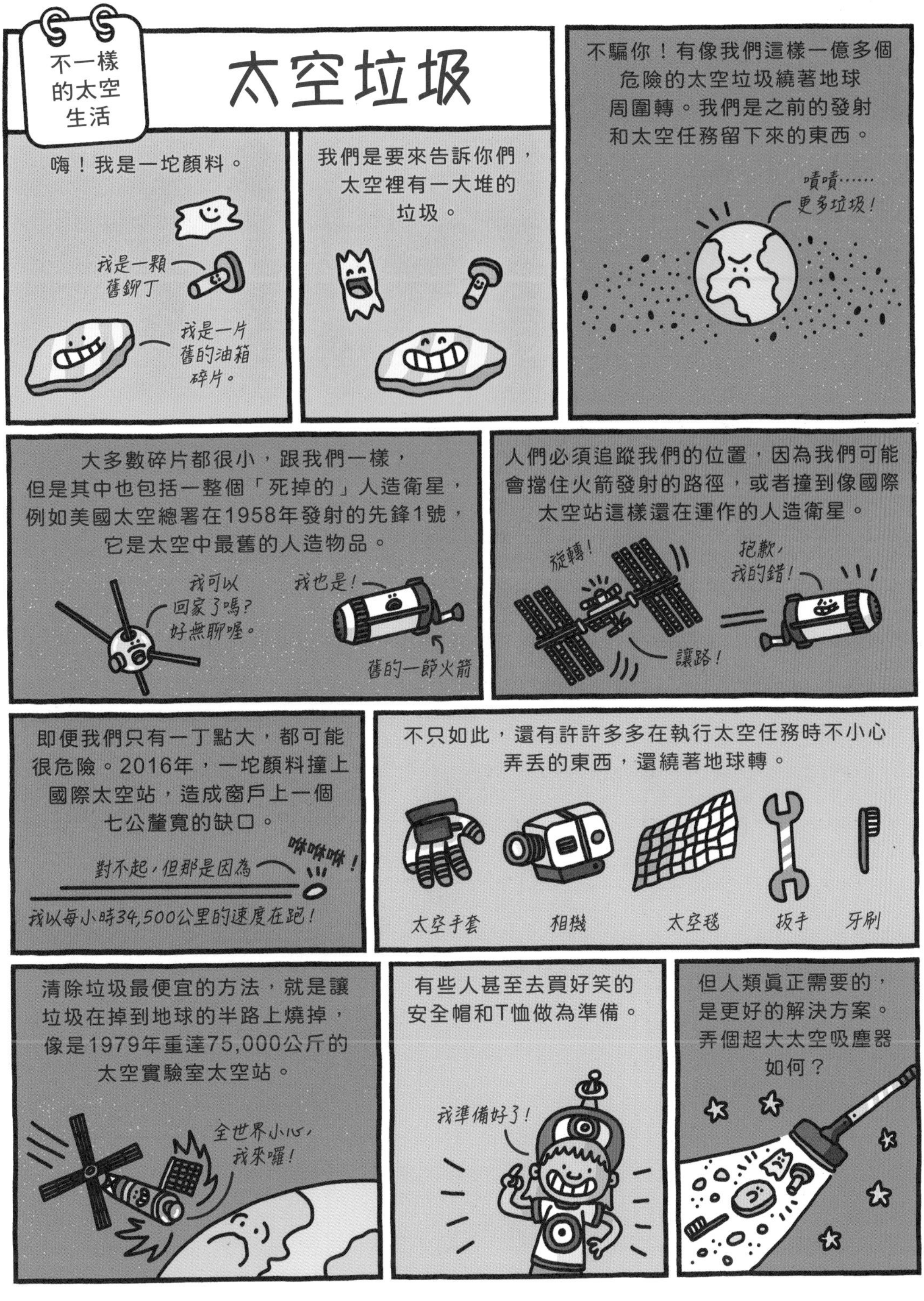
不一樣的太空生活
太空垃圾
嗨！我是一坨顏料。
我是一顆舊鉚丁
我是一片舊的油箱碎片。
我們是要來告訴你們，太空裡有一大堆的垃圾。
不騙你！有像我們這樣一億多個危險的太空垃圾繞著地球周圍轉。我們是之前的發射和太空任務留下來的東西。
嘖嘖……更多垃圾！
大多數碎片都很小，跟我們一樣，但是其中也包括一整個「死掉的」人造衛星，例如美國太空總署在1958年發射的先鋒1號，它是太空中最舊的人造物品。
我可以回家了嗎？好無聊喔。
我也是！
舊的一節火箭
人們必須追蹤我們的位置，因為我們可能會擋住火箭發射的路徑，或者撞到像國際太空站這樣還在運作的人造衛星。
旋轉！
抱歉，我的錯！
讓路！
即便我們只有一丁點大，都可能很危險。2016年，一坨顏料撞上國際太空站，造成窗戶上一個七公釐寬的缺口。
對不起，但那是因為
咻咻咻！
我以每小時34,500公里的速度在跑！
不只如此，還有許許多多在執行太空任務時不小心弄丟的東西，還繞著地球轉。
太空手套
相機
太空毯
扳手
牙刷
清除垃圾最便宜的方法，就是讓垃圾在掉到地球的半路上燒掉，像是1979年重達75,000公斤的太空實驗室太空站。
全世界小心，我來囉！
有些人甚至去買好笑的安全帽和T恤做為準備。
我準備好了！
但人類真正需要的，是更好的解決方案。弄個超大太空吸塵器如何？

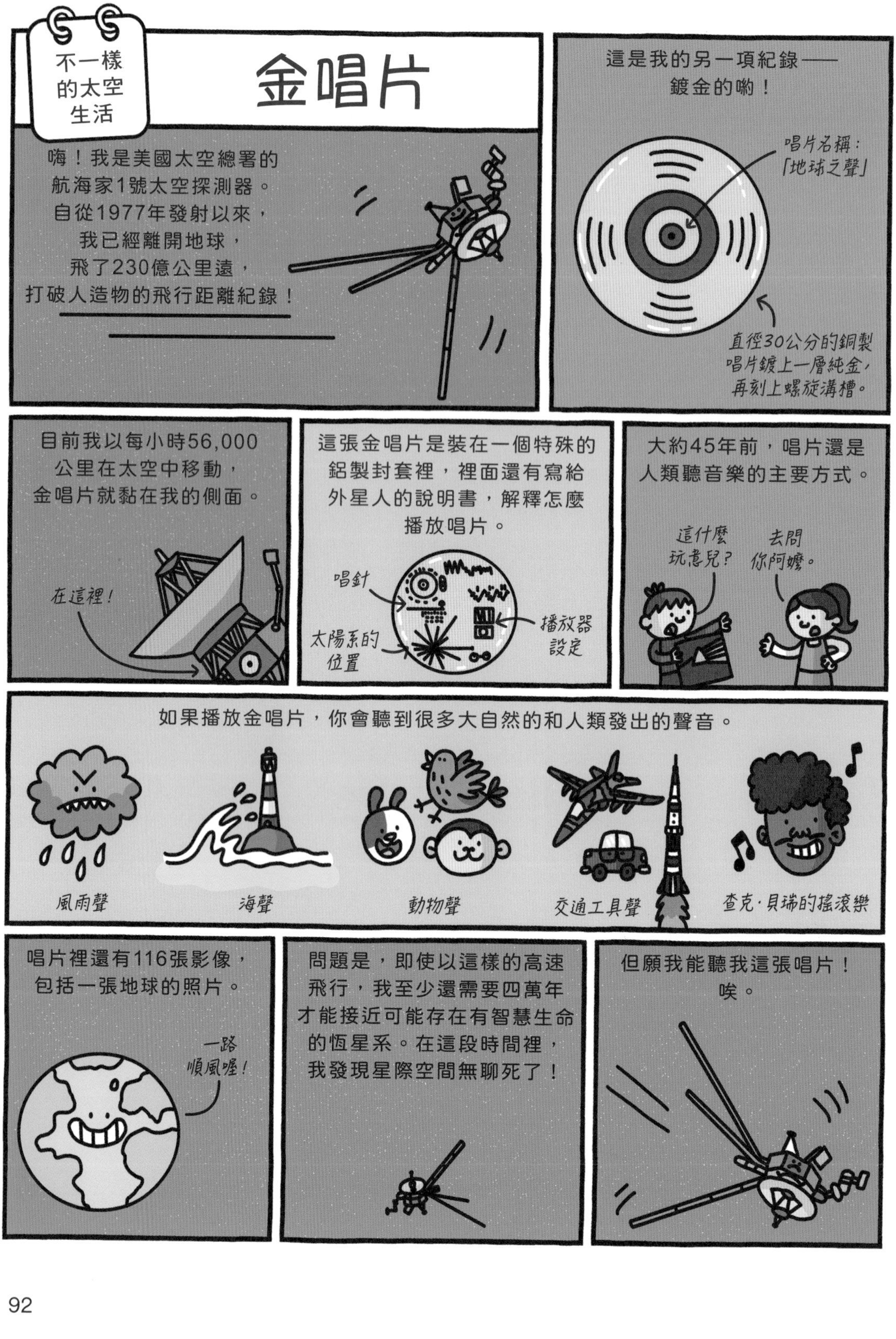
不一樣的太空生活
金唱片
嗨！我是美國太空總署的航海家1號太空探測器。自從1977年發射以來，我已經離開地球，飛了230億公里遠，打破人造物的飛行距離紀錄！
這是我的另一項紀錄——鍍金的喲！
唱片名稱：「地球之聲」
直徑30公分的銅製唱片鍍上一層純金，再刻上螺旋溝槽。
目前我以每小時56,000公里在太空中移動，金唱片就黏在我的側面。
在這裡！
這張金唱片是裝在一個特殊的鋁製封套裡，裡面還有寫給外星人的說明書，解釋怎麼播放唱片。
唱針
太陽系的位置
播放器設定
大約45年前，唱片還是人類聽音樂的主要方式。
這什麼玩意兒？
去問你阿嬤。
如果播放金唱片，你會聽到很多大自然的和人類發出的聲音。
風雨聲
海聲
動物聲
交通工具聲
查克·貝瑞的搖滾樂
唱片裡還有116張影像，包括一張地球的照片。
一路順風喔！
問題是，即使以這樣的高速飛行，我至少還需要四萬年才能接近可能存在有智慧生命的恆星系。在這段時間裡，我發現星際空間無聊死了！
但願我能聽我這張唱片！唉。

太空侵略者

自從發射史普尼克號之後（見第74頁），人類持續發射探測器到太空中。大多數探測器都是從地球由無線電控制，將保貴的資料傳送回地球，直到沒電、跑太遠或者墜毀在地面（有時候是故意這麼做的！）為止。以下是幾個有名的探測器：

月球9號（蘇聯）

1966年，月球9號成為第一個安全降落在月球上的探測器。它也將有史以來第一個月球表面的畫面，傳送回地球在電視上展示。

金星9號（蘇聯）

金星9號在1975年登陸金星時，它只在這個星球超熱的地表上運作了53分鐘。

喬托號（歐洲太空總署）

喬托號於1986年探測哈雷彗星，進入到它核心的600公里內。*

會合－舒梅克號（美國太空總署）

2001年，會合－舒梅克號成為第一個在小行星上登陸的探測器。現在它還在那裡！

新視野號（美國太空總署）

2015年，新視野號成為第一個飛越冥王星的探測器。然後它遠離冥王星，飛到更遙遠的太空中。

星際快車（中國）

星際快車即將成為第一個飛往星際空間的非美國太空總署探測器。

* 關於喬托號發現了什麼，請見第45頁

彗星捕手

的祕密日記

摘自被送去
追逐彗星的探測器
「羅塞塔號」的日記。

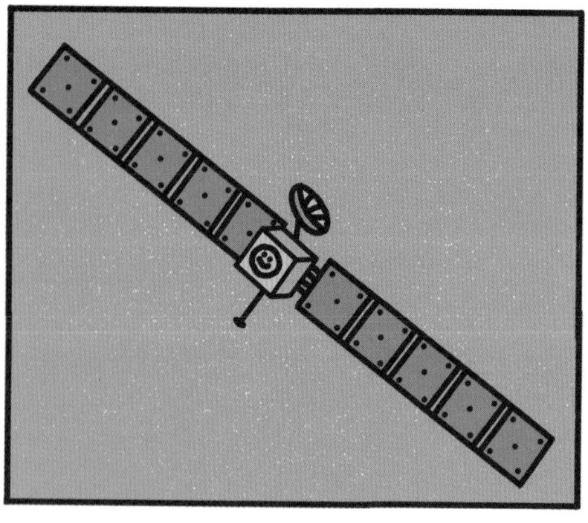

太空中的我

2010年7月

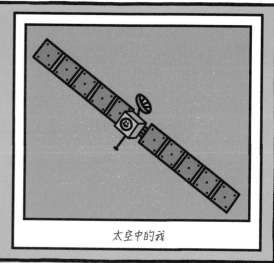

好啦，自從2004年歐洲太空總署把我發射到太空到現在，
時間過得飛快——我也飛得超快！我已經飛越過地球（3次），
火星（1次），甚至還經過兩顆很大的小行星。
這一路上我送了很多很棒的資訊回地球。
說老實話，我想我休息一下也是應該的！

抱歉
我沒能留得久一點。

2014年4月

看來我話說得太快了！抱歉我那麼久沒出聲，
因為我睡了兩年半。2011年在飛離木星之後，
歐洲太空總署就把我關掉，但現在我又醒過來了。
我在67 P /楚留莫夫－格拉希門克彗星
（簡稱67P/C-G）的尾巴上。

2014年9月

哇！我是第一個實際繞行彗星的太空探測器，
而且我離彗星只有29公里。
我傳了很多張照片回地球，
好讓人類能替我裡面的機器人登陸器
挑個好的登陸地點。

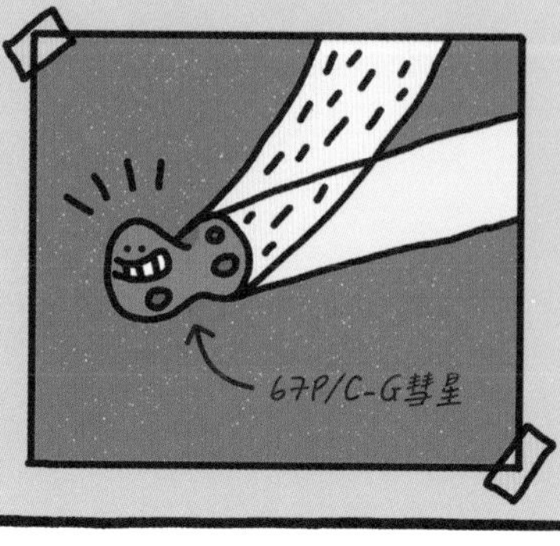
67P/C-G彗星

2014年11月12日

有好消息和壞消息。
今天我的小登陸器「菲萊」
(簡稱「菲爾」)在67P/C-G彗星上登陸
——做了三次!他撞來撞去,
最後在錯誤的地方登陸。
我希望他還是能執行研究彗星的任務。

可憐的菲爾吃了苦頭

2014年11月14日

萬歲!我聯絡上小菲爾,它傳了許多
彗星上的照片給我。地球上的人類非常興奮,
但現在菲爾又沒聲音了。或許他和我一樣
徹底休息了很久。希望如此。

菲爾在哪裡?

2015年8月

好興奮喔!我才剛跟著67P/C-G彗星繞過
最接近太陽的地點。我拍了些很棒的照片,
也收集了很棒的資料。7月開始我就沒有
菲爾的消息了——我希望他沒事。

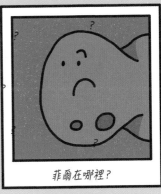

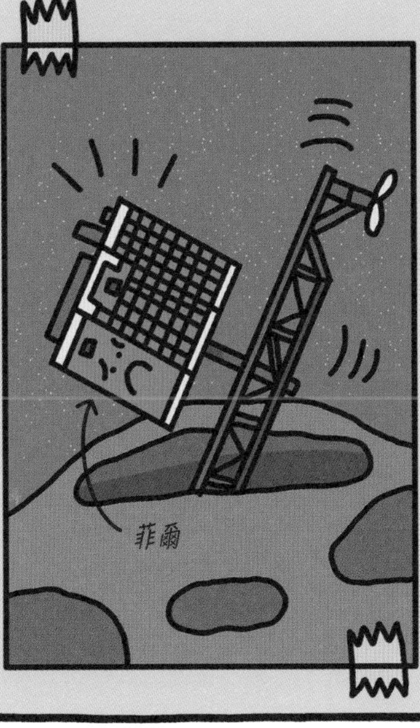
菲爾

2016年9月5日

(再度)萬歲!我的相機拍到在67P/C-G
彗星上的菲爾,它卡在黑黑的裂縫裡,
所以陽光沒辦法替它的太陽能電池充電。
我希望它自己一個人在那裡別太寂寞。

2016年9月30日

嗯,菲爾現在有伴了。
歐洲太空總署讓我降落在67P/C-G彗星,
結束我的任務。現在我們倆都將永遠在
這繞行太陽的大冰塊上面。
我終於捕到一個彗星。太棒了!

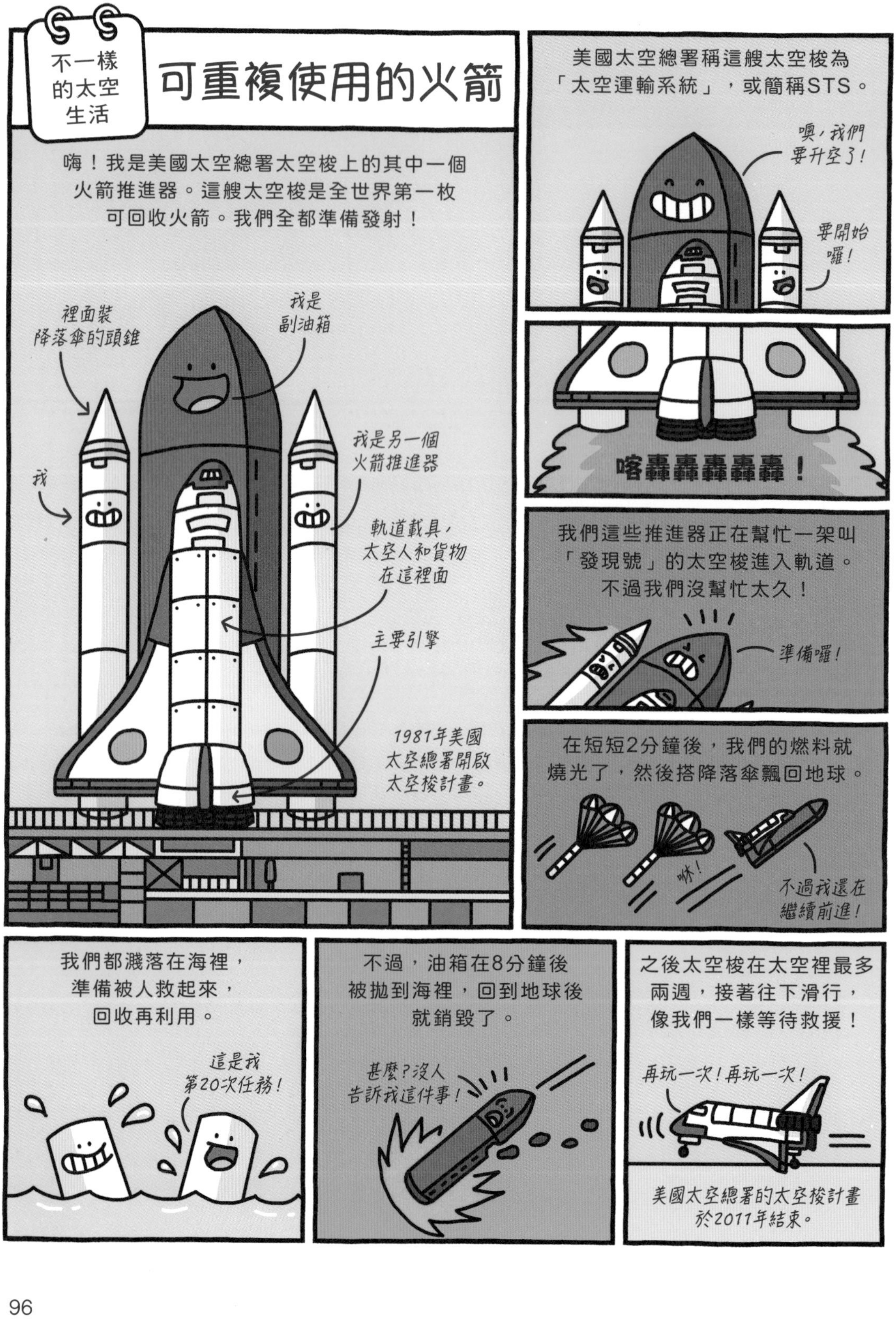
不一樣的太空生活
可重複使用的火箭
嗨！我是美國太空總署太空梭上的其中一個火箭推進器。這艘太空梭是全世界第一枚可回收火箭。我們全都準備發射！
裡面裝降落傘的頭錐
我是副油箱
我
我是另一個火箭推進器
軌道載具，太空人和貨物在這裡面
主要引擎
1981年美國太空總署開啟太空梭計畫。
美國太空總署稱這艘太空梭為「太空運輸系統」，或簡稱STS。
噢，我們要升空了！
要開始囉！
喀轟轟轟轟轟！
我們這些推進器正在幫忙一架叫「發現號」的太空梭進入軌道。不過我們沒幫忙太久！
準備囉！
在短短2分鐘後，我們的燃料就燒光了，然後搭降落傘飄回地球。
咻！
不過我還在繼續前進！
我們都濺落在海裡，準備被人救起來，回收再利用。
這是我第20次任務！
不過，油箱在8分鐘後被拋到海裡，回到地球後就銷毀了。
甚麼？沒人告訴我這件事！
之後太空梭在太空裡最多兩週，接著往下滑行，像我們一樣等待救援！
再玩一次！再玩一次！
美國太空總署的太空梭計畫於2011年結束。

發現號的航程

美國太空總署所屬的五架太空梭，都以著名的帆船命名：
哥倫比亞號、挑戰者號、發現號、亞特蘭提斯號和奮進號。
從1981年開始，這些太空梭將許多人造衛星以及355名太空人、
哈伯望遠鏡（見第98頁）和國際太空站的組件，全部送到太空去。
太空梭計畫於2011年結束，以下這架發現號一共飛到太空39次，
創下紀錄。

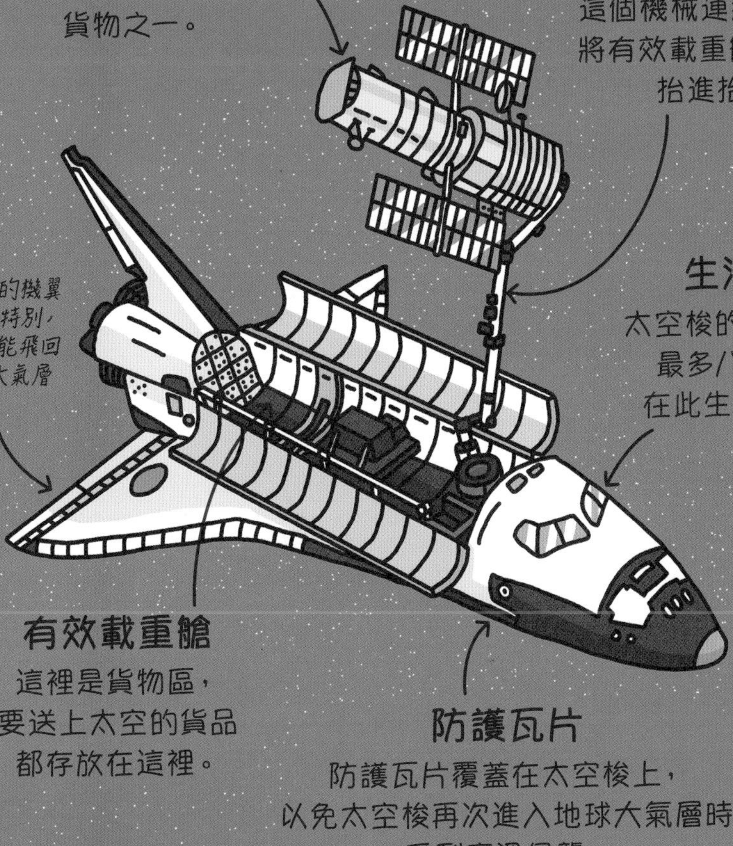

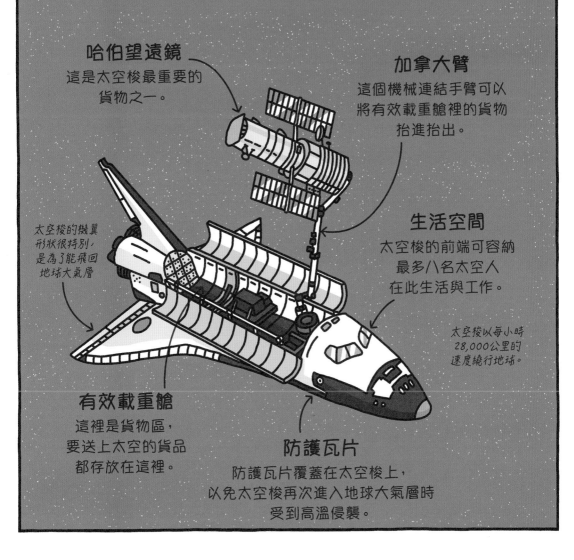

哈伯望遠鏡
這是太空梭最重要的貨物之一。

加拿大臂
這個機械連結手臂可以將有效載重艙裡的貨物抬進抬出。

太空梭的機翼形狀很特別，是為了能飛回地球大氣層

生活空間
太空梭的前端可容納最多八名太空人在此生活與工作。

太空梭以每小時28,000公里的速度繞行地球。

有效載重艙
這裡是貨物區，要送上太空的貨品都存放在這裡。

防護瓦片
防護瓦片覆蓋在太空梭上，以免太空梭再次進入地球大氣層時受到高溫侵襲。

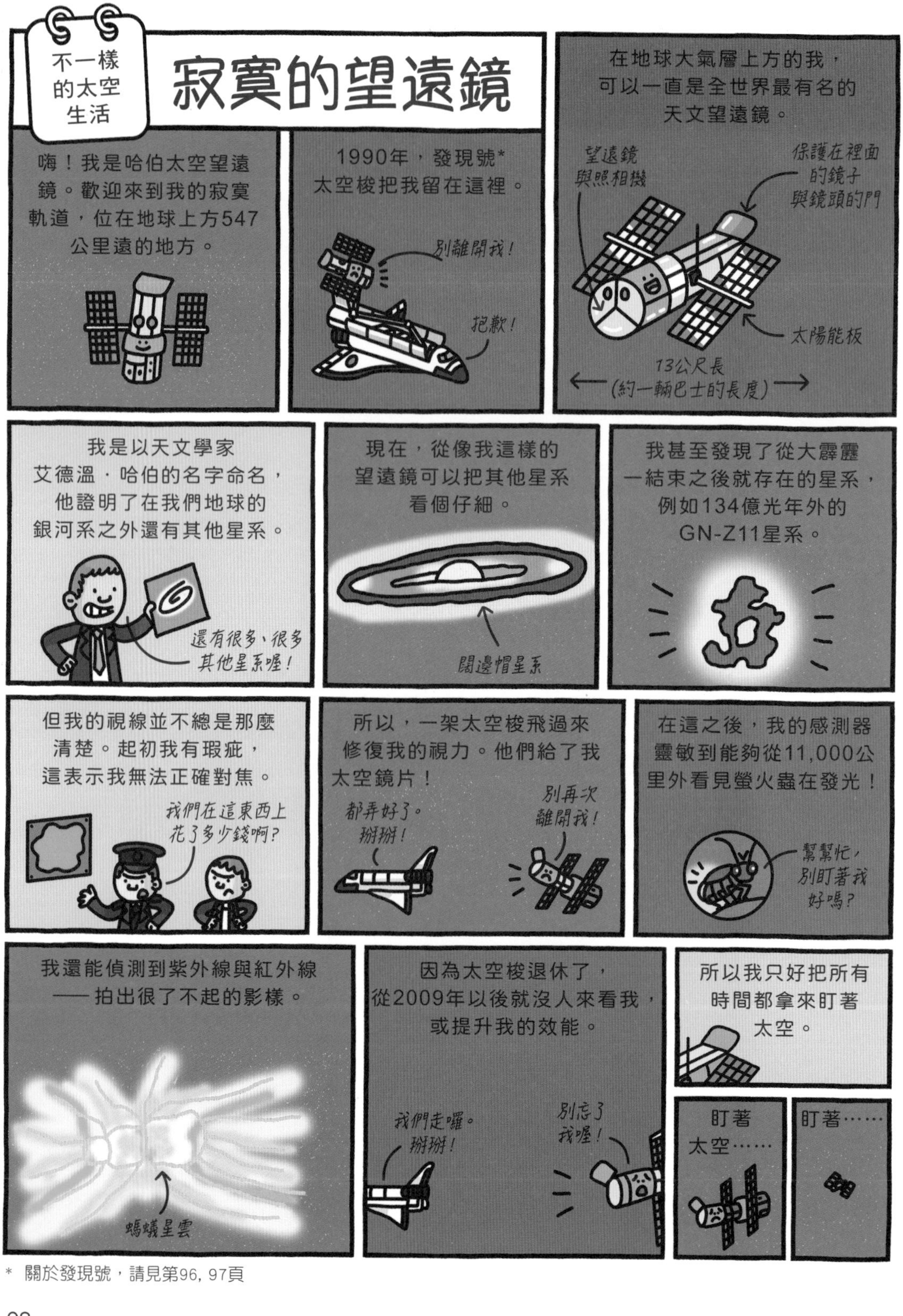
不一樣的太空生活
寂寞的望遠鏡
嗨！我是哈伯太空望遠鏡。歡迎來到我的寂寞軌道，位在地球上方547公里遠的地方。
1990年，發現號*太空梭把我留在這裡。
別離開我！
抱歉！
在地球大氣層上方的我，可以一直是全世界最有名的天文望遠鏡。
望遠鏡與照相機
保護在裡面的鏡子與鏡頭的門
太陽能板
13公尺長
(約一輛巴士的長度)
我是以天文學家艾德溫．哈伯的名字命名，他證明了在我們地球的銀河系之外還有其他星系。
還有很多、很多其他星系喔！
現在，從像我這樣的望遠鏡可以把其他星系看個仔細。
闊邊帽星系
我甚至發現了從大霹靂一結束之後就存在的星系，例如134億光年外的GN-Z11星系。
但我的視線並不總是那麼清楚。起初我有瑕疵，這表示我無法正確對焦。
我們在這東西上花了多少錢啊？
所以，一架太空梭飛過來修復我的視力。他們給了我太空鏡片！
都弄好了。掰掰！
別再次離開我！
在這之後，我的感測器靈敏到能夠從11,000公里外看見螢火蟲在發光！
幫幫忙，別盯著我好嗎？
我還能偵測到紫外線與紅外線——拍出很了不起的影樣。
蝴蝶星雲
因為太空梭退休了，從2009年以後就沒人來看我，或提升我的效能。
我們走囉。掰掰！
別忘了我喔！
所以我只好把所有時間都拿來盯著太空。
盯著太空……
盯著……

* 關於發現號，請見第96, 97頁

看星星

事實證明，哈伯太空望遠鏡是觀察宇宙的絕佳工具。
然而，目前在太空中也有其他許多正在使用的望遠鏡，
不久之後還有更多望遠鏡會加入。
以下是幾個最有名的望遠鏡：

X光探測器

美國太空總署的錢德拉X光太空望遠鏡偵測到來自黑洞的X光——包括在地球銀河系中心的黑洞。錢德拉也首次拍射到火星的X光影像。

黑暗的祕密

美國太空總署於2008年發射的費米伽瑪射線太空望遠鏡，發現了許多新的脈衝星（見第53頁），此外它也在搜尋暗物質（見第64頁）。

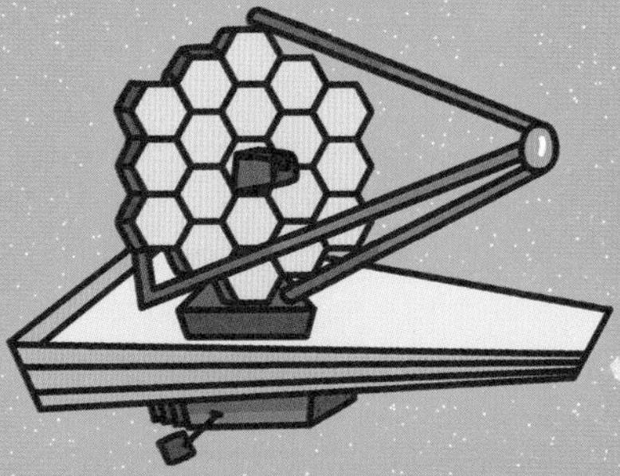

升級版

2021年發射的詹姆斯·韋伯太空望遠鏡，是以美國太空總署的前署長命名。這座望遠鏡比哈伯望遠鏡強大好多倍，而且它正往宇宙深處探索，回到第一批恆星形成的地方。

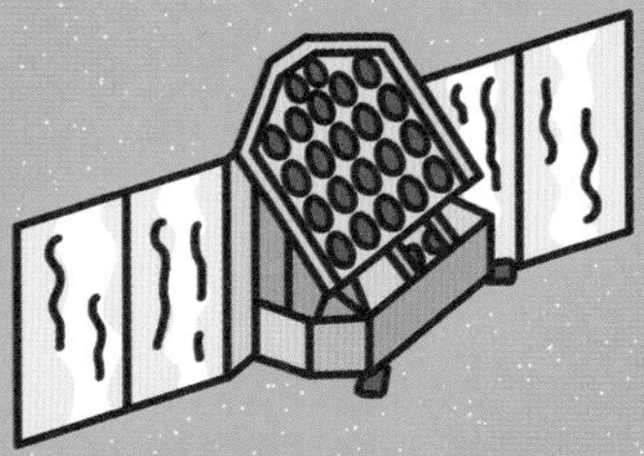

生命跡象

歐洲太空總署的柏拉圖號太空望遠鏡（柏拉圖PLATO是行星凌星與恆星振盪PLAnetary Transits and Oscillations of stars的首字母縮寫），即將在2026年發射。它的任務將會是在其他天體可能有生命存在的適居帶，尋找像地球這樣的行星。

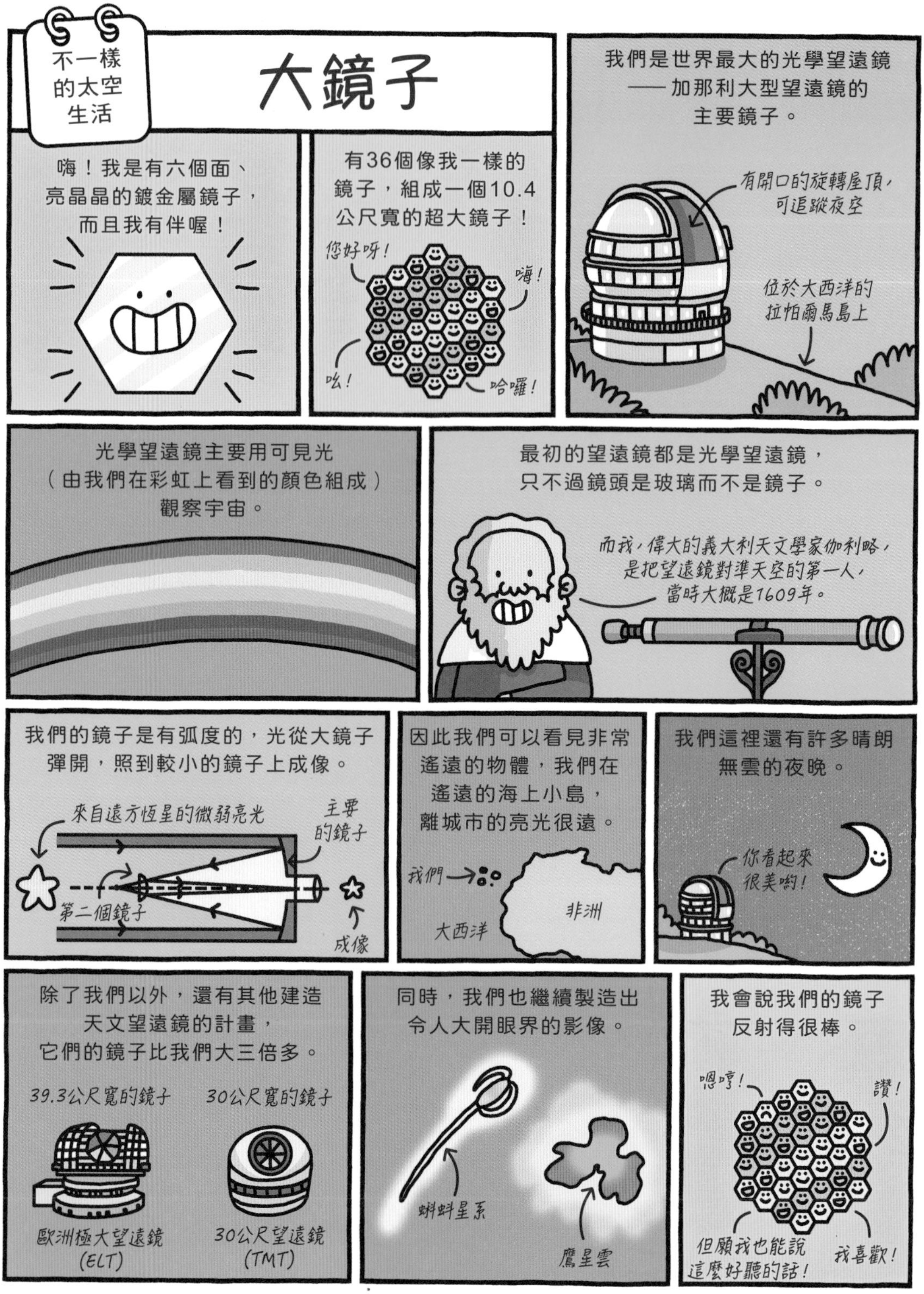

不一樣的太空生活
大鏡子
嗨！我是有六個面、亮晶晶的鍍金屬鏡子，而且我有伴喔！
有36個像我一樣的鏡子，組成一個10.4公尺寬的超大鏡子！
您好呀！
嗨！
哈囉！
我們是世界最大的光學望遠鏡——加那利大型望遠鏡的主要鏡子。
有開口的旋轉屋頂，可追蹤夜空
位於大西洋的拉帕爾馬島上
光學望遠鏡主要用可見光（由我們在彩虹上看到的顏色組成）觀察宇宙。
最初的望遠鏡都是光學望遠鏡，只不過鏡頭是玻璃而不是鏡子。
而我，偉大的義大利天文學家伽利略，是把望遠鏡對準天空的第一人，當時大概是1609年。
我們的鏡子是有弧度的，光從大鏡子彈開，照到較小的鏡子上成像。
來自遠方恆星的微弱亮光
主要的鏡子
第二個鏡子
成像
因此我們可以看見非常遙遠的物體，我們在遙遠的海上小島，離城市的亮光很遠。
我們
非洲
大西洋
我們這裡還有許多晴朗無雲的夜晚。
你看起來很美喲！
除了我們以外，還有其他建造天文望遠鏡的計畫，它們的鏡子比我們大三倍多。
39.3公尺寬的鏡子
30公尺寬的鏡子
歐洲極大望遠鏡(ELT)
30公尺望遠鏡(TMT)
同時，我們也繼續製造出令人大開眼界的影像。
蝌蚪星系
鷹星雲
我會說我們的鏡子反射得很棒。
嗯哼！
讚！
但願我也能說這麼好聽的話！
我喜歡！

收到訊號了嗎？

電波望遠鏡收聽由恆星和星系附近的高能量粒子產生的無線電波。
許多電波望遠鏡的形狀都像是一個弧形的大碟子，
它們可以聯合在一起，形成一個叫「陣列」的巨大天文台。
電波望遠鏡是尋找太空中其他有智慧生物的重要工具，
人類一直用它來設法與外星人接觸。

最大的碟子

美國西維吉尼亞州的綠堤望遠鏡，
是世界上最大的全指向電波望遠鏡。
100公尺寬的綠堤，
範圍比30座網球場還大，
從2000以來就一直在搜尋
外太空的生命形式。

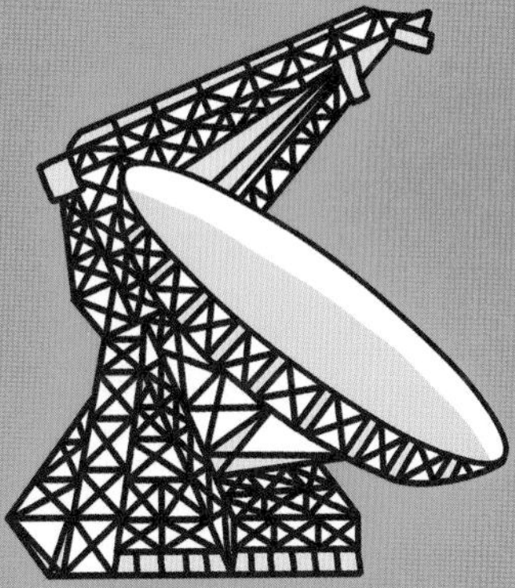

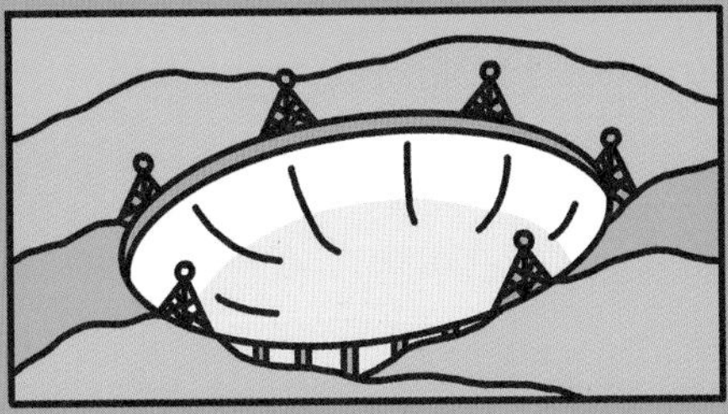

凹洞裡的FAST

中國的500公尺口徑球面電波望遠鏡
（更常聽到的名字是它的首字母縮寫
FAST）位在地上的一個天然凹洞裡。
它的範圍比30座足球場還大，
因此它是全世界最大的電波望遠鏡。
它的周圍是五公里的
「無線電寂靜地帶」，
在這區域內禁止使用手機和電腦。

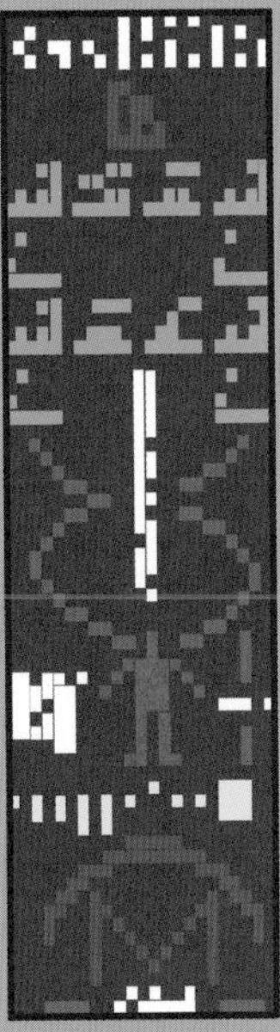

你收到我的訊號了嗎？

1974年，阿雷西博
望遠鏡將編碼信號
傳送到太空裡，
這些信號可以
被讀取為一幅圖，
圖上有個火柴人、太陽
和行星、一股DNA
以及這座望遠鏡。
遺憾的是，
現在為止還沒有
外星人回覆。

來自不同國家的男女太空人都在國際太空站待過一段時間，
接受上太空的訓練可是一段漫長而艱難的旅程。
你是否具備人們過去認定太空人的「必要特質」？
請倒數以下的不同階段，看看你是否能一路過關斬將，
最後升上太空。

10

取得學位

首先，
你必須要受過大學教育。
科學相關科目，
包括工程和醫學，
都很派得上用場。

9

雀屏中選

每次美國太空總署招考新人，
都有好幾千人申請。
每千人中只有不到一人
能通過體檢和面試，
被太空總署選中。

8

讀寫力

初步培訓就要花上兩年。
你要學會醫療技術，
並且證明你是游泳健將，
而且甚至還要會讀寫俄文。

7

下沉的感覺

為了練習在太空中生活，
你要穿著太空衣進行水肺潛水，
每次可能會長達八個小時。

你想當太空人？

6

墜落的人

為了體驗無重力感，
你必須去坐飛機，
然後一次又一次往下跳。
這架飛機的綽號是
「嘔吐彗星」！

5

模範學生

為了熟悉國際太空站
和太空船，你必須在
地球上的模擬太空站
或太空船上工作。

4

VR ok嗎？

虛擬實境科技
能幫助你體驗太空，
以及學會操作國際
太空站上的設施。

3

到地底去

你能否與團隊合作？
你要和一群人在某個
黑漆漆的洞穴裡
度過一個禮拜，
才能證明這一點。

2

必要特質

快到終點了！
只要再訓練三個月，
並且在國際媒體上
曝光就行了。

1

準備出任務

你會和一群太空人伙伴一起
針對某項特定任務接受訓練。
然而，過程可能最久長達六年
——因此這段時間你需要的
是耐心。

轟轟轟！

升空！

終於，
你上路了。
祝你好運，
出任務愉快！

不一樣的太空生活
太空胃
嗨！我是在無重力狀態的低地球軌道上的胃。
飄來
飄去
我在國際太空站的一名太空人肚子裡。
請看我裡面的一些太空食物。看了就知道有很多國家都派遣太空人到這裡來。
太空泡菜，韓國
太空宮保雞丁，中國
太空麵，日本
太空麋鹿肉乾，瑞典
這裡的太空人大多是美國人和俄國人，所以食物標籤上有英文和俄文。
剛來的人會發現，他們的胃要過幾天才會適應低重力
……暈，想吐！
……但是他們很快就會喜歡上放在罐子裡加熱的美味食物。
特殊的罐頭加熱器
很多美國食物都是經過乾燥放在袋子裡，需要先泡水才能加熱來吃。
快乾死我了！
他們用特殊的吸管喝東西，以免飲品變成小小的水球飄走。
回來！
義大利太空總署設計了一種用來喝咖啡的特殊杯子。他們稱它為「國際太空站濃縮咖啡杯」。
零重力設計
可黏在桌上的吸盤
太空人拿有磁性的托盤吃東西，容器和餐具都用魔鬼氈黏在托盤上。
我莫名其妙受這托盤吸引。
我也是！
太空人必須注意他們吃東西的方式。如果想打嗝，他們的食物會回到嘴巴裡。
好噁！第二次的味道沒那麼好。
做為一個在太空中的胃還挺詭異的，但我也會得到獎賞——例如冷凍草莓和冰淇淋。好吃！

深入太空

水土不服

在太空中，人類是外來物種。人類的演化
並不是為了在沒有地球大氣層和重力的保護下生活。
以下是太空如何影響太空人的健康，
以及到火星出任務可能造成的危險：

縮水

沒有地球
重力的鍛鍊，
肌肉和骨頭
很快就萎縮了。
所以國際太空站成員
必須每天健身。

臉部腫脹

在地球上，
心臟會抵抗地球重力，
把血液往上送進頭部。
心臟在沒有重力的情況
下會一樣努力運作，
導致太空人的臉部腫脹。

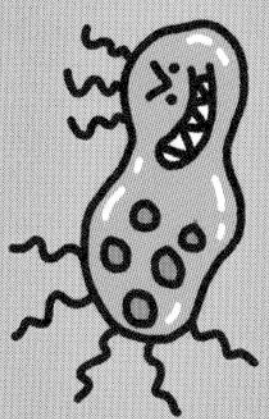

別煩我

細菌和其他微生物
在太空中的傳染性
更高。物體表面會
塗上一層特殊的
化學物質，
阻止細菌生長。

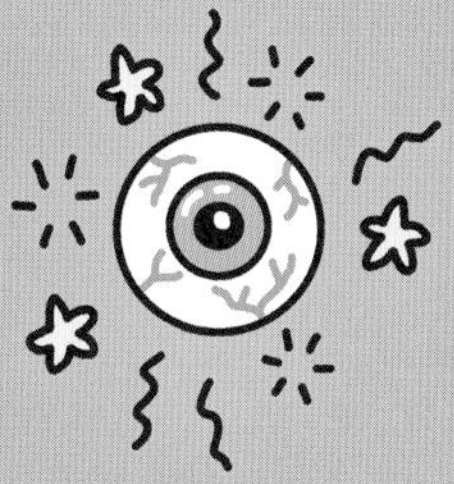

眼冒金星

無重力狀態會改變
眼球的形狀，
導致視力模糊。
此外，叫做宇宙射線的
有害粒子也會影響
眼睛，造成閃爍感。

失去味覺

由於液體集中在頭部
（像感冒的時候一樣），
許多太空人發現
他們最愛吃的東西
都沒味道。
因此他們會吃
更香更辣的食物。

嗯！

欲哭無淚

如果以上這些風險
讓你很沮喪，
更壞的消息還在後面。
在太空裡你不能
好好哭一場，
因為淚珠不會
從你眼角滾落。
嗚嗚嗚！

探索太空的人類有許多精彩的故事。
以下是一些奇特的時刻：

求好運

1961年，
身為首次飛上太空的人類，
蘇聯太空人尤里·加加林
在載他去發射台的巴士後輪上尿尿。
現在的太空人為了求好運
也會這麼做，
有些女太空人還事先
準備一杯尿帶去。

人類的大漏油

阿波羅11號太空人巴茲·艾德林於1969年
成為第二個在月球上漫步的人，他因此成名，
不過他也是第一個在月球上尿尿的人。
因為他的太空衣出了點問題，
在探索月球表面時，
他的尿流進一邊的靴子裡。

月亮上的最佳老爸

阿波羅17號太空人尤金·瑟曼
是最後一個在月球上漫步的人。
1972年，他在月球的塵埃上
寫下他女兒崔西·瑟曼的
首字母縮寫TDC，
這三個字母到現在還留在
月球表面。

TDC

太空怪事

一直跑

2007年，印度裔美國太空人
蘇妮塔·威廉斯成為在太空中
跑馬拉松的第一個人。
她在國際太空站的跑步機上，
跑完該年的波士頓馬拉松。

太空高歌

2013年5月，國際太空站上的
加拿大太空人克里斯·哈德菲爾德
唱了一首大衛·鮑伊的歌
〈太空怪談〉
——他的演出在YouTube上
有超過五千萬觀看次數。

勇踏前人未至之境

美國演員威廉·薛特納
以90歲高齡成為上太空最年長的人。
2021年10月13日，
他乘坐藍色起源太空公司的太空膠囊，
在軌道上度過10分鐘。
薛特納因為飾演電視影集
《星艦迷航記》的寇克船長而出名。

不一樣的太空生活
超級英雄
來見見這一種新的超級英雄！它比全速前進的陸龜走得還慢。
我已經盡快了！
比螞蟻還弱。
哈！
一片葉子也跳不過去。
我贏囉！
這就是我——緩步動物！我是隻很小的動物，不到一公釐長，我又叫水熊蟲或苔蘚豬。地球上任何潮濕的地方都能找到我。
沒錯，沒錯，很好笑……可是我們真的是超級英雄。
通常我們就只是在潮濕的苔蘚裡爬來爬去。但我們也是唯一能夠長時間暴露在真空狀態的太空中，還會存活的動物。
2007年，我們有一大群緩步動物被當成歐洲太空總署的部份實驗內容，在連結一艘俄國太空船的空間中度過12天。
FOTON-M3
我們都在一種叫「tun」的乾燥狀態下被放進一個小管子裡。在地球上，我們為了要對付極端的生存條件，會自然地進入「tun」的狀態。
在實驗中，有一些緩步動物被暴露在太空輻射下，其他的一些則受到遮蔽。
回到地球時，只有那些受到遮蔽的緩步動物從「tun」的狀態恢復。
打呵欠！我錯過了什麼嗎？
你們人類如果沒穿太空衣，在太空裡連一分鐘都活不下來。你們會昏倒、腫脹，被太陽光燒成碎片。更糟的是，你們的身體會像一根冷凍乾燥的雞腿，在太空中無窮無盡地漂流。
嗯！
所以，我們緩步動物的確有超能力。
不知道我穿上超人披風會不會很帥？

很合身喔

太空人只要離開太空船，都要穿特別的衣服。
這套衣服很笨重，穿在身上也很難活動，
不過它卻能供給太空人氧氣，
使太空人不受到極端溫度和輻射線的傷害。
正式名稱叫做「艙外移動裝置」(EMU) 的這套
美國太空總署太空衣，40年來沒有太大改變
——穿上它你得要花45分鐘！

頭盔

面罩上塗了一層過濾
有害射線的透明金色塗層。
它裡面也有一小塊魔鬼氈，
萬一太空人鼻子癢時可以用。
頭盔外面裝著
攝影機和照明燈。

維生系統

它提供氧氣，
帶走二氧化碳。

手套

手套有特殊的指尖，
提高拿取物品時
的敏感度。

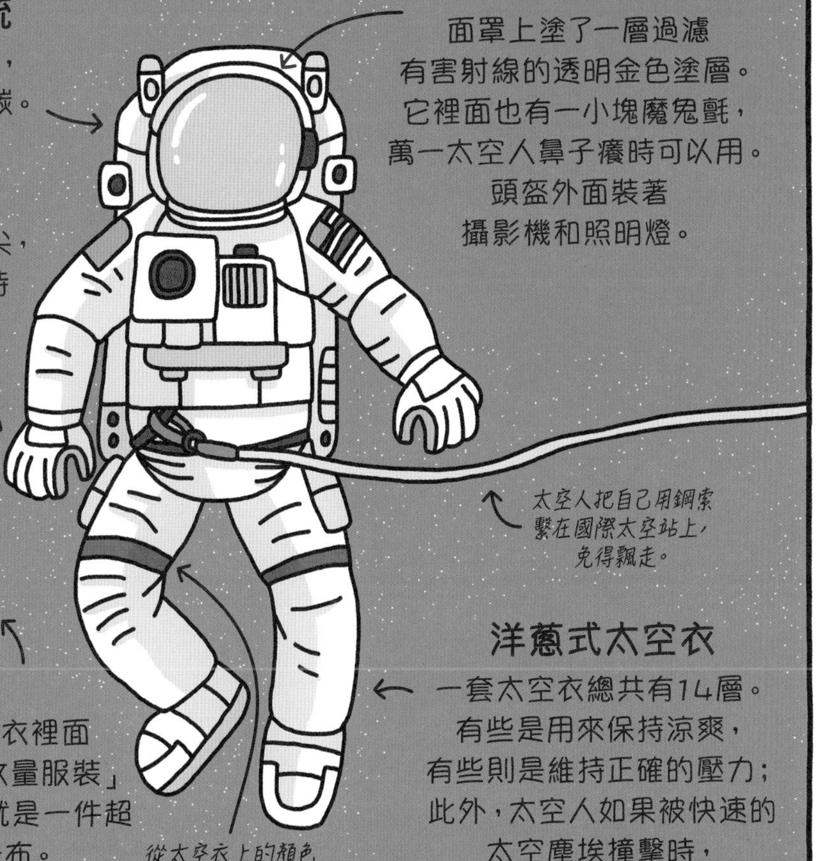

太空人把自己用鋼索
繫在國際太空站上，
免得飄走。

大尿布

太空人會在太空衣裡面
穿上一件「最大吸收量服裝」
——換句話說，也就是一件超
大的拋棄式尿布。

洋蔥式太空衣

一套太空衣總共有14層。
有些是用來保持涼爽，
有些則是維持正確的壓力；
此外，太空人如果被快速的
太空塵埃撞擊時，
太空衣也能提供保護。

從太空衣上的顏色
標示可以看出這是
哪個太空人。

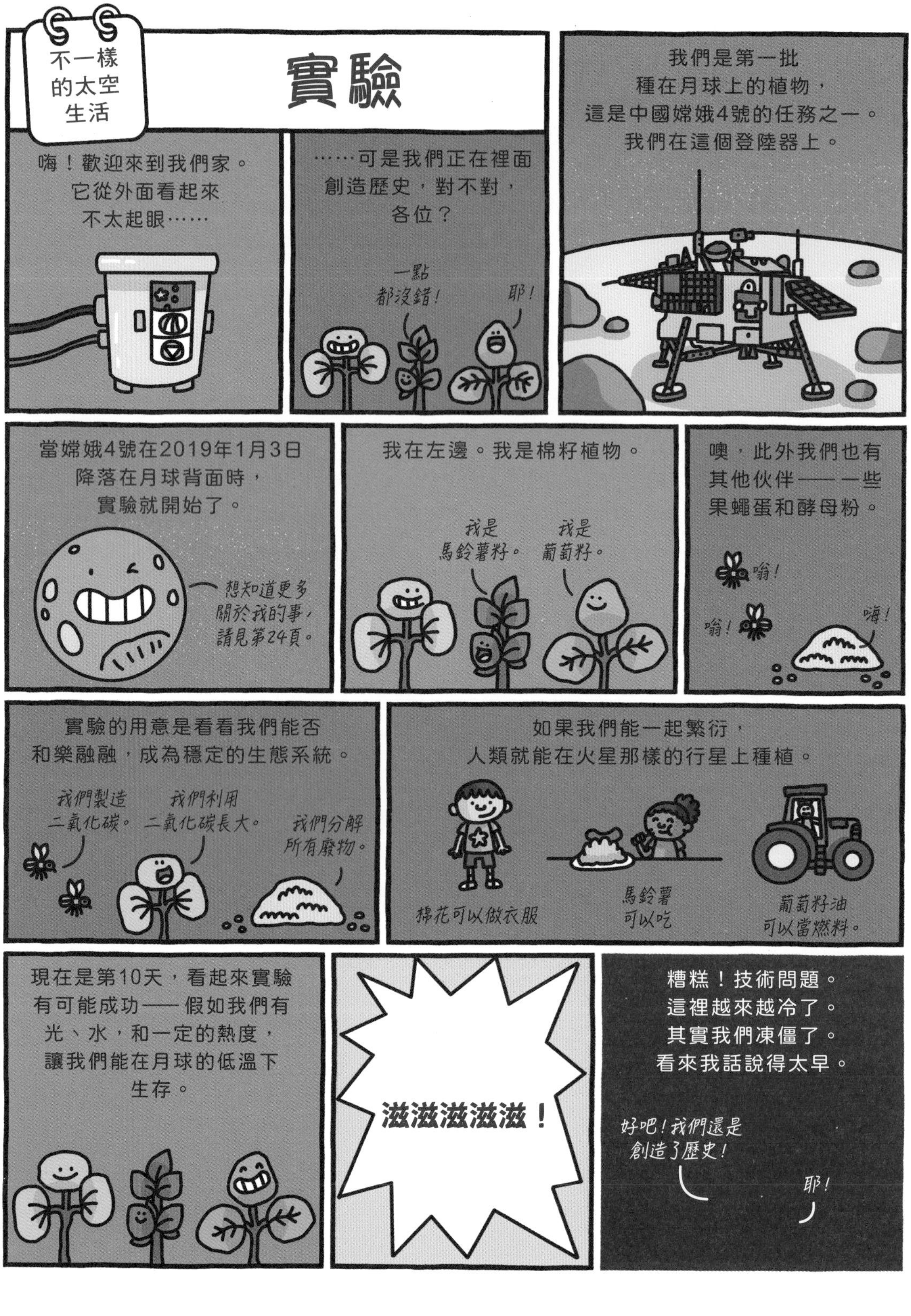

不一樣的太空生活
實驗
嗨！歡迎來到我們家。它從外面看起來不太起眼……
……可是我們正在裡面創造歷史，對不對，各位？
一點都沒錯！
耶！
我們是第一批種在月球上的植物，這是中國嫦娥4號的任務之一。我們在這個登陸器上。
當嫦娥4號在2019年1月3日降落在月球背面時，實驗就開始了。
想知道更多關於我的事，請見第24頁。
我在左邊。我是棉籽植物。
我是馬鈴薯籽。
我是葡萄籽。
噢，此外我們也有其他伙伴——一些果蠅蛋和酵母粉。
嗡！
嗡！
嗨！
實驗的用意是看看我們能否和樂融融，成為穩定的生態系統。
我們製造二氧化碳。
我們利用二氧化碳長大。
我們分解所有廢物。
如果我們能一起繁衍，人類就能在火星那樣的行星上種植。
棉花可以做衣服
馬鈴薯可以吃
葡萄籽油可以當燃料。
現在是第10天，看起來實驗有可能成功——假如我們有光、水，和一定的熱度，讓我們能在月球的低溫下生存。
滋滋滋滋滋！
糟糕！技術問題。這裡越來越冷了。其實我們凍僵了。看來我話說得太早。
好吧！我們還是創造了歷史！
耶！

升空出發

今日，世界各地都有太空計畫。
他們的發射場往往都在偏遠地區或靠近海邊，
因為發射載滿燃料的大型火箭危險性很高。
以下是一些最重要的發射地點：

1.1957年，蘇聯從哈薩克的
拜科努爾太空發射場
發射史普尼克1號，
開啟與美國的太空競賽。

2.佛羅里達的
卡納維爾角發射場，
是1961年美國第一位太空人
艾倫・薛普的升空地點。

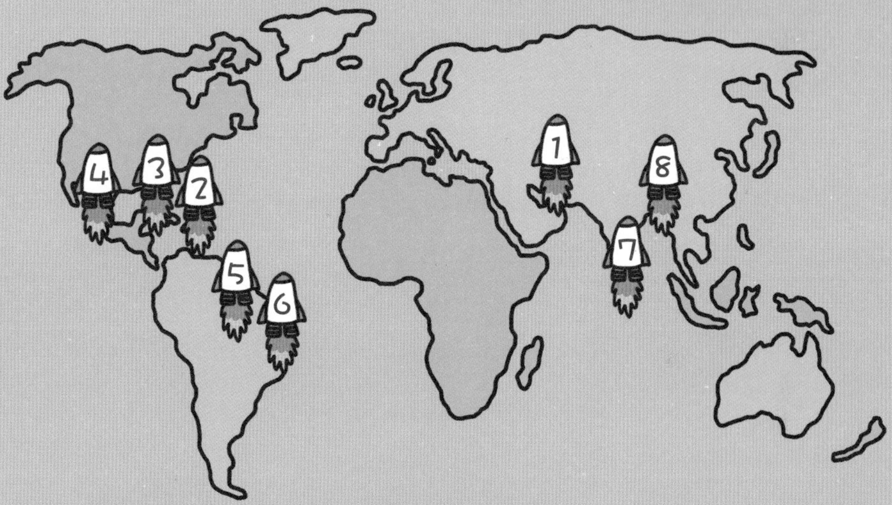
1
2
3
4
5
6
7
8

3.也在佛羅里達的
甘迺迪太空中心，
是1969年帶第一批
人類上月球的
阿波羅11號
任務的發射場。

6.巴西的阿爾坎塔拉
是巴西太空總署的
發射場。

4.位於新墨西哥州的
美國太空港，
將會是維珍銀河企業的
太空旅遊中心。

7.印度太空研究機構
從位於孟加拉
斯里赫里戈達島的
離岸沙洲島，
發射人造衛星到太空中。

5.大多數歐洲
太空總署的任務，
發射地點都是
法屬圭亞那的
圭亞那太空中心。

8.中國主要的發射場，
是內蒙古戈壁沙漠的
酒泉衛星發射中心。

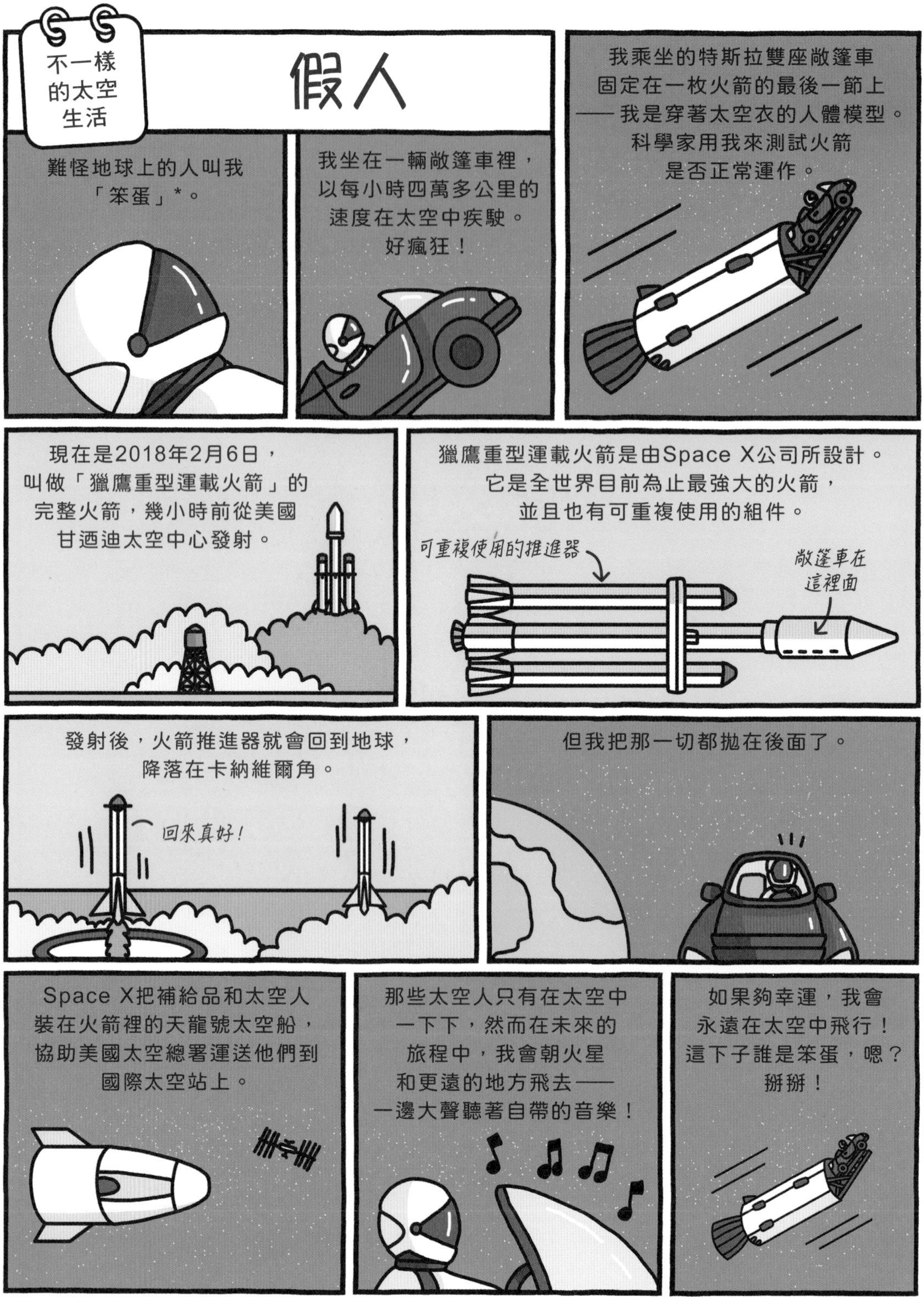
不一樣的太空生活
假人
難怪地球上的人叫我「笨蛋」*。
我坐在一輛敞篷車裡，以每小時四萬多公里的速度在太空中疾駛。好瘋狂！
我乘坐的特斯拉雙座敞篷車固定在一枚火箭的最後一節上──我是穿著太空衣的人體模型。科學家用我來測試火箭是否正常運作。
現在是2018年2月6日，叫做「獵鷹重型運載火箭」的完整火箭，幾小時前從美國甘迺迪太空中心發射。
獵鷹重型運載火箭是由Space X公司所設計。它是全世界目前為止最強大的火箭，並且也有可重複使用的組件。
可重複使用的推進器
敞篷車在這裡面
發射後，火箭推進器就會回到地球，降落在卡納維爾角。
回來真好！
但我把那一切都拋在後面了。
Space X把補給品和太空人裝在火箭裡的天龍號太空船，協助美國太空總署運送他們到國際太空站上。
那些太空人只有在太空中一下下，然而在未來的旅程中，我會朝火星和更遠的地方飛去──一邊大聲聽著自帶的音樂！
如果夠幸運，我會永遠在太空中飛行！這下子誰是笨蛋，嗯？掰掰！

＊譯註：英文DUMMY是假人／人體模型，同時也有「笨蛋」的意思。

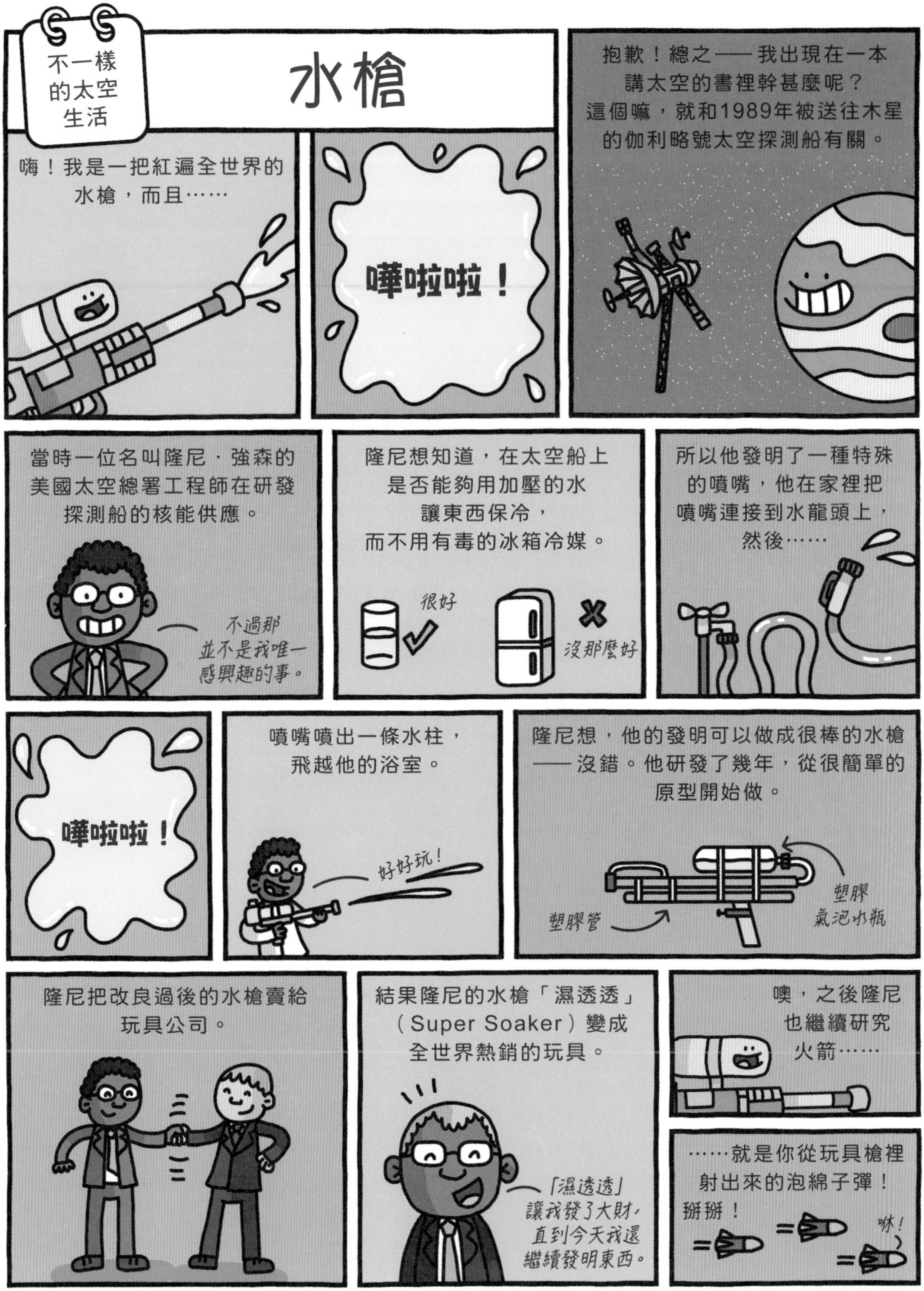
不一樣的太空生活
水槍
嗨！我是一把紅遍全世界的水槍，而且……
嘩啦啦！
抱歉！總之——我出現在一本講太空的書裡幹甚麼呢？
這個嘛，就和1989年被送往木星的伽利略號太空探測船有關。
當時一位名叫隆尼·強森的美國太空總署工程師在研發探測船的核能供應。
不過那並不是我唯一感興趣的事。
隆尼想知道，在太空船上是否能夠用加壓的水讓東西保冷，而不用有毒的冰箱冷媒。
很好
沒那麼好
所以他發明了一種特殊的噴嘴，他在家裡把噴嘴連接到水龍頭上，然後……
嘩啦啦！
噴嘴噴出一條水柱，飛越他的浴室。
好好玩！
隆尼想，他的發明可以做成很棒的水槍——沒錯。他研發了幾年，從很簡單的原型開始做。
塑膠管
塑膠氣泡水瓶
隆尼把改良過後的水槍賣給玩具公司。
結果隆尼的水槍「濕透透」（Super Soaker）變成全世界熱銷的玩具。
「濕透透」讓我發了大財，直到今天我還繼續發明東西。
噢，之後隆尼也繼續研究火箭……
……就是你從玩具槍裡射出來的泡綿子彈！
𢬘𢬘！
咻！

太空衍生產品

人類探索太空的短短歷史，
已經使地球上的人們大大受益。
你可能會驚訝地發現，
有些發明物都是來自於太空科技。

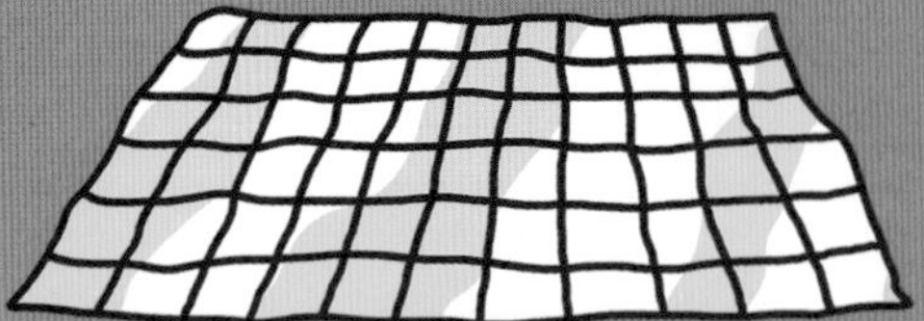

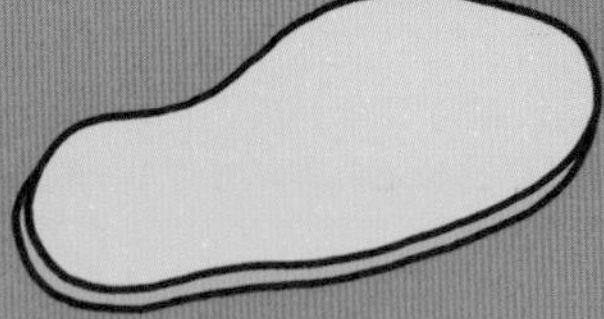

包緊緊

「太空毯」是一種表面有層金屬的輕薄塑膠布，最開始是為了阻擋照射到太空船上的太陽光而發明，現在許多健行者都會攜帶它，供緊急保暖用。

香腳丫

某種用作鞋墊的特殊纖維，可抑制腳的汗臭味，國際太空站也用它讓太空人不要聞到太空中的氣味。

愛照相

手機上的小相機，起初是1990年代為了在太空中使用而發明。

無線耳機

無線耳機是讓太空人不用被一堆電線纏住的好法子。

氣墊鞋

Nike Air鞋款鼎鼎有名的緩震系統，是來自太空裝設計的研究。

熱褲

許多賽車選手穿的高科技內衣褲，這類材質的研發是要讓太空人在太空中保持溫暖舒適。

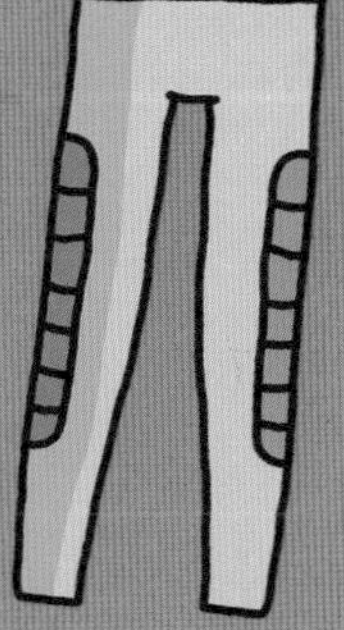

快樂回月球

人類最後一次上月球是在1972年。
現在美國太空總署和幾個其他國家的太空機構，也計畫在2020年代結束之前，讓第一位女性以及第一位有色人種踏上月球的地面。
阿提米絲計畫將使用一枚叫「太空發射系統」(SLS)的新型巨大火箭帶人類上月球，並且——終有一天——也會上火星！

太空發射系統

第一枚太空發射系統將會有98公尺高，比自由女神還要高。之後的其他火箭還會更高大。

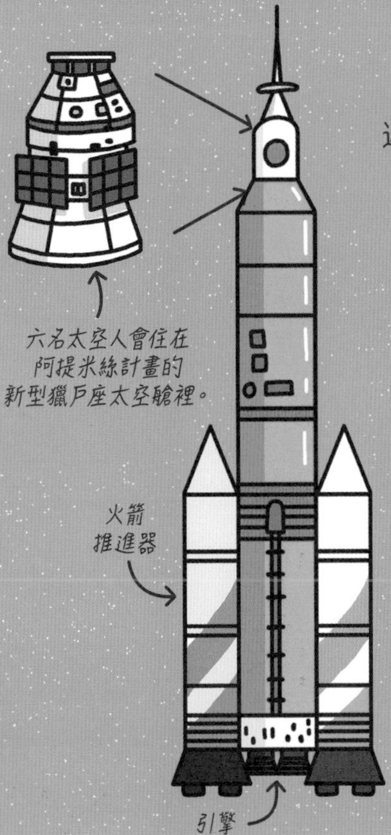
六名太空人會住在
阿提米絲計畫的
新型獵戶座太空艙裡。
火箭
推進器
引擎

星艦人類登陸系統

SpaceX正在開發新的月球登陸器，叫做「星艦人類登陸系統」(HLS)。

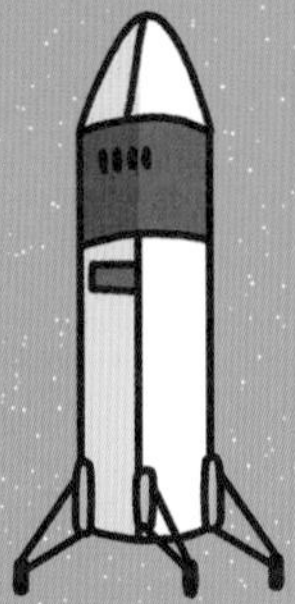

月球門戶

一座持續繞行月球的迷你太空站「月球門戶」也在籌劃中，目的是讓更多人造訪月球表面。

合適的太空衣

科學家也研發適合在太空船裡面(左邊)和外面(右邊)活動的新型太空衣。這一次的設計同時考慮到男性與女性太空人的需求。

不一樣的太空生活
火星人
嗨！歡迎來到火星。現在是2050年。你有沒有看到我們這一頁訂的標題？
火星上的一天我們稱做「火星日」（Sol），它比地球上的一天還多39分鐘35秒。
滴答！
滴答！
我的工作變多了。唉！
我是第一批在火星上工作和生活的12名科學家之一。
星艦登陸器
防輻射圓頂
減壓艙
太陽能板
火星車
我在地底工作，利用人工光線種植食用植物。
冷卻的熔岩隧道
我很幸運能待在底下。地表工作人員必須忍受酷寒和高強度輻射。
幸好我們有這身太空衣！
不過好處是我們每晚能看到兩個月亮……
……而且這裡的日落是藍色的！
問題是和地球比起來，火星幾乎沒有大氣層。
帶這風箏來火星是個爛點子！
墜落
你不能呼吸火星上的空氣，而且沙塵暴會持續好幾週。
都已經16個火星日了還沒結束！
此外，和之前出任務的太空人一樣，我們也必須回收我們的尿液，變成飲用水。
口渴嗎？
現在不渴了。
還有，如果想聯絡地球，要花大約15分鐘。
請別掛斷，我們很重視您的來電。
這裡的生活很辛苦，不過終究會有第一個寶寶誕生在火星上。
嗯嗯啊啊
噢，寶寶在說火星話！
這裡的一年有687個地球日，所以他們過一次生日要等很久！
哼！不公平！
祝你火星生日快樂！

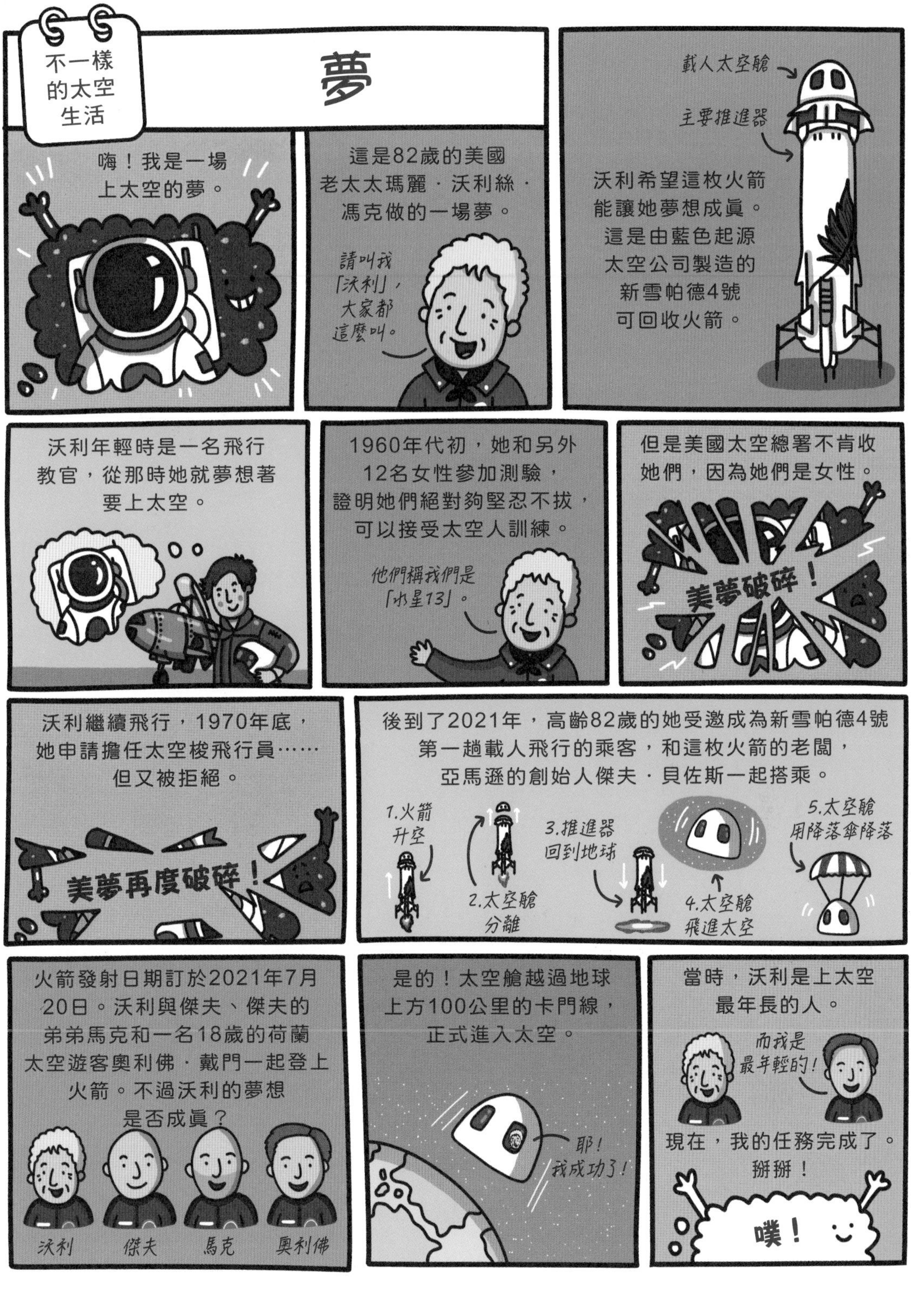
不一樣的太空生活
夢
嗨！我是一場上太空的夢。
這是82歲的美國老太太瑪麗．沃利絲．馮克做的一場夢。
請叫我「沃利」，大家都這麼叫。
載人太空艙
主要推進器
沃利希望這枚火箭能讓她夢想成真。這是由藍色起源太空公司製造的新雪帕德4號可回收火箭。
沃利年輕時是一名飛行教官，從那時她就夢想著要上太空。
1960年代初，她和另外12名女性參加測驗，證明她們絕對夠堅忍不拔，可以接受太空人訓練。
他們稱我們是「水星13」。
但是美國太空總署不肯收她們，因為她們是女性。
美夢破碎！
沃利繼續飛行，1970年底，她申請擔任太空梭飛行員……但又被拒絕。
美夢再度破碎！
後到了2021年，高齡82歲的她受邀成為新雪帕德4號第一趟載人飛行的乘客，和這枚火箭的老闆，亞馬遜的創始人傑夫．貝佐斯一起搭乘。
1.火箭升空
2.太空艙分離
3.推進器回到地球
4.太空艙飛進太空
5.太空艙用降落傘降落
火箭發射日期訂於2021年7月20日。沃利與傑夫、傑夫的弟弟馬克和一名18歲的荷蘭太空遊客奧利佛．戴門一起登上火箭。不過沃利的夢想是否成真？
沃利
傑夫
馬克
奧利佛
是的！太空艙越過地球上方100公里的卡門線，正式進入太空。
耶！我成功了！
當時，沃利是上太空最年長的人。
而我是最年輕的！
現在，我的任務完成了。掰掰！
噗！

深入太空

來自另一個世界？

地球依舊是浩瀚太空中已知唯一有生命存在的地方。
然而，許多人相信在太空的某個地方有外星生命，它們甚至曾經來過地球。
有些發現幽浮UFO（也就是「不名飛行物體」的英文縮寫）的例子，
最後證明是騙局；然而其他類似事件仍是謎團。
以下是幾個著名的「第三類接觸」：

這可能是
燈罩

飛碟

1947年，飛行員肯尼士·阿諾德聲稱，
他曾在美國華盛頓上空見過九個
銀盤形狀的東西。
報紙稱這些東西叫「飛碟」，
引發了全球對幽浮的持續關注，
直到現在依舊如此。

幽浮騙局

1950年代，波蘭裔美國人
喬治·亞當斯基拍了一張
現在惡名遠播的幽浮照片。
遺憾的是，
後來證明那是作假的照片。

哇！

哇！

1977年，美國俄亥俄州大學的
電波望遠鏡接收到
來自人馬座的強烈的訊號。
一名驚訝的天文學家
在光點旁邊寫下「哇！」，
到今天這訊號還是無法解釋。

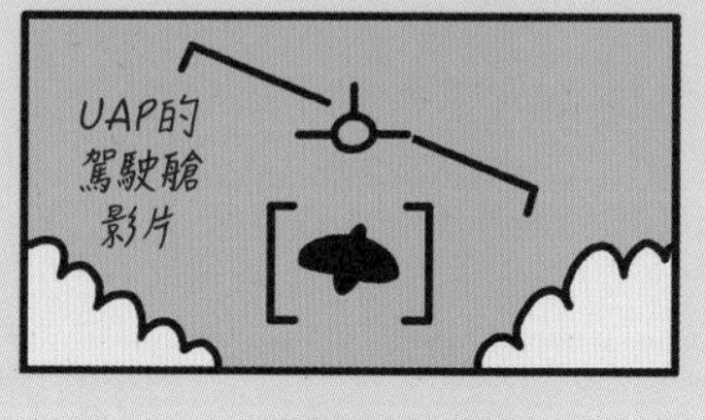
UAP的
駕駛艙
影片

看天

2021年，
美國空軍承認它們的
飛行員提出超過140次
發現幽浮的報告，
他們無法解釋自己看見的東西。
然而他們比較喜歡稱幽浮UFO
為UAP，「不明空中現象 」。

詞彙表

我們發現，在一天之內有好多事情發生，
也出現了好多新的名詞。
這份詞彙表能向大家簡單解釋，
書中你看到的那些或許比較難的字詞。

減壓艙airlock
在兩個氣壓不同的區域間移動時，需要一個中間地帶做調節。在太空船上，太空人進入減壓艙，關緊身後的門，然後再經過另外一扇門，到太空船外面。

星群 asterism
一群恆星，它們通常形成星座的一部份。

小行星 asteroid
繞著恆星轉的翻滾天體。小行星和行星類似，只是體積小得多，而且彼此大小差異很大。

占星學 astrology
對於恆星與行星的非科學性研究。占星學認為這些天體的運動會影響人類的生活。

太空人 astronaut
受過訓練，能夠離開地球大氣層到太空中的人。

天文學 astronomy
研究宇宙的一門科學。

極光 aurora
天空中呈現出的彩色亮光，起因是空氣分子與來自恆星（如果是在地球上，這恆星就是太陽）的粒子相互碰撞。

雙星系統binary star system
兩顆恆星互繞。

天極celestial pole
夜空中的點，所有可見的恆星都繞著它轉。在北半球，恆星繞著北極點轉。在南半球，恆星繞著南極點轉。

彗星comet
繞太陽運行，由冰、岩石和塵埃組成的球體。彗星有長長的尾巴，有些長達數百萬公里。

星座constellation
一群恆星，在夜空中看起來形成某些線條或圖案。

日冕 Corona
太陽的外大氣層，許多恆星也有。

太空人cosmonaut
來自俄國或前蘇聯的太空人。

宇宙cosmos
universe 的另一個字。

隕石坑crater
行星或月球表面的大坑洞。隕石坑往往是受到小行星或彗星撞擊星球表面造成的。月球上的隕石坑很大，甚至在地球上不用望遠鏡都能看到。

新月crescent
從地球上看到的月球第一個或最後一個月相，形狀狹窄彎曲。

生態系統ecosystem
生活在一個區域的所有動植物，以及它們之間的關係。

歐洲太空總署
European Space Agency（ESA）
致力於太空探索的主要歐洲機構。歐洲太空總署是由22個歐洲國家聯合而成的組織。

地球以外的extraterrestrial
發生在或存在於地球以外的一切。這個字也指外星人。

艙外活動extravehicular activity（EVA）
見「太空漫步」

滿月full moon
從地球上看見形狀完整的圓形月球。

星系galaxy
恆星與星際物質組成的系統。有些星系綿延數百萬光年，包含數千億顆恆星。

凸月gibbous
從地球上看到月亮微微鼓漲的形狀，可見的範圍已經超過一半，但還不是滿月。

國際太空站
International Space Station（ISS）
1998年至今繞行地球的構造物。國際太空站上的太空人來自世界各地。

星際空間interstellar space
星系中在恆星之間的空間

古伯帶Kuiper belt
海王星軌道外側的一圈冰凍天體。

光年light-year
我們替9.5兆公里取的名字。之所以叫一光年，因為這是光速在一年內移動的距離。

月lunar
用來形容與月球有關的所有事物。

質量mass
一個物體含有的物質量。

物質matter
一切物理的、實質物體的存在。所有固體、液體和氣體都由物質組成。

流星Meteor
通過地球大氣層時燃燒的小型岩石體（流星體）。

隕石meteorite
擊中地球表面的流星體叫做隕石。

流星體meteoroid
從彗星或小行星脫離後飛越太空的石頭。

微生物microbe
只能用顯微鏡觀察的極微小生物。

衛星moon
衛星是類似行星的天體，但是它繞著另一個行星轉。而「月球」（The Moon）指的是地球的衛星。

美國太空總署NASA
專門研究太空以及如何在太空中移動的美國政府機構。NASA的全名是「國家航空與太空總署」。

新月new moon
在月相變化週期一開始時，從地球上看到的細而彎曲的月亮形狀。

核子反應爐nuclear reactor
用來產生核能的機器。

天文臺observatory
一棟建築物或一座設施，做為觀測與研究太空的基地，通常設有天文望遠鏡。發射到太空中的望遠鏡如哈伯天文望遠鏡，也是天文臺的一種。

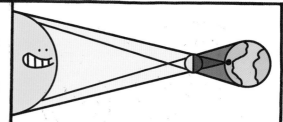

軌道orbit
太空中的天體繞行行星、衛星或恆星時的彎曲路徑。

臭氧ozone
無色而有毒性的一種氧氣。地球表面上方的臭氧層能保護地球，不受到有害的太陽光的傷害。

光子photon
光的粒子。

行星planet
繞行太陽的大而圓的天體。

等離子體plasma
一種不被歸類為固體、液體或氣體的物質狀態。太陽和大部分其他恆星裡都有熱的等離子體。

探測器probe
送入太空收集資訊並回傳到地球的無人太空船。

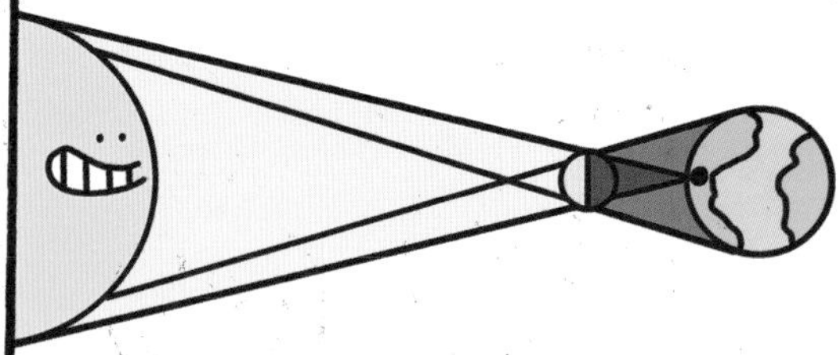

輻射radiation
有放射性物質的微小粒子。暴露在輻射下對人類、動物或其他形式的生命都有很高的危險性。

俄國Russia
之前組成蘇維埃聯邦共和國的國家之一。

衛星satellite
衛星有人造的，也有天然的。天然衛星是繞著行星或恆星運行的天體。人造衛星是人類為了收集、傳遞或交換訊號而發射到太空中的設備。

十垓sextillion
很大的數字。一個十垓寫做1後面有21個0。

蘇維埃聯邦共和國Soviet Union
全名是蘇維埃聯邦共和國（USSR）的蘇聯，是橫跨歐洲東北和亞洲北部的國家。1991年，蘇聯解體為15個包括俄國在內的獨立國家。

太空競賽space race
1957年到1975年間，美國與蘇聯相互競爭，想打敗對方成為最先探索太空的國家。

太空漫步spacewalk
也叫做艙外活動，英文縮寫為EVA。太空漫步指的是太空人離開太空船到太空裡活動。

SpaceX
美國設計與製造太空船和火箭的企業，由伊隆．馬斯克創立。

三星系統trinary star system
三顆恆星圍繞彼此運行。其中兩顆恆星通常以雙星系統環繞彼此，第三顆恆星在較遠處。

宇宙universe
整個太空，包括星系、恆星、行星和裡面的一切。

眞空vaccum
空無一物的太空，裡面沒有任何形式的物質。

可見光visible light
人類眼睛可以看見的光線。肉眼可以看見彩虹的各色光線。然而有些光線（如紫外線）是人類看不見的。

虧月waning
在滿月和新月之間的月相，這時從地球上看，月球上被照亮的區域逐漸變小。

盈月waxing
在新月和滿月之間的所有月相，這時從地球上看，月球上被照亮的區域逐漸增大。

酵母yeast
一般用來讓麵包發酵的菌類。

索引

如果想要快速尋找某些太空的重要主題，
你可以查閱以下的頁數：

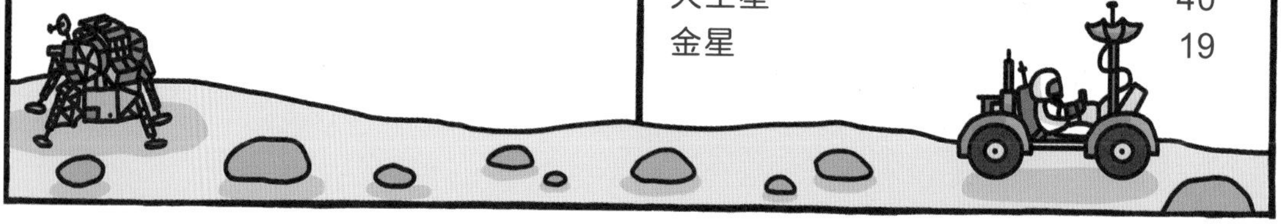

本書與108課綱自然領域學習內容對應表

內容整理/ 小漫遊編輯室

國民小學教育階段中年級（3～4年級）

課綱主題	跨科概念	能力指標編碼及主要內容	本書對應內容
自然界的組成與特性	物質與能量（INa）	INa-II-2 在地球上，物質具有重量，佔有體積。	地球的重力：P10
		INa-II-4 物質的形態會因溫度的不同而改變。	適居帶：P19
		INa-II-5 太陽照射、物質燃燒和摩擦等可以使溫度升高，運用測量的方法可知溫度高低。	流星體撞擊空氣升溫：P35
		INa-II-6 太陽是地球能量的主要來源，提供生物的生長需要，能量可以各種形式呈現。	適居帶：P19
		INa-II-7 生物需要能量（養分）、陽光、空氣、水和土壤，維持生命、生長與活動。	適居帶：P19 太空任務中的氧：P84
	構造與功能（INb）	INb-II-4 生物體的構造與功能是互相配合的。	太空中的人體反應：P104-105
		INb-II-7 動植物體的外部形態和內部構造與其生長、行為、繁衍後代和適應環境有關。	太空旅行的動物：P75-77 水熊蟲：P108
	系統與尺度（INc）	INc-II-1 使用工具或自訂參考標準可量度與比較。	坑洞大小：P16 太陽系最大的火山：P26
		INc-II-2 生活中常見的測量單位與度量。	光年：P14-15
		INc-II-4 方向、距離可用以表示物體位置。	星雲位置：P46｜星系位置：P98
		INc-II-6 水有三態變化及毛細現象。	地球在適居帶：P19
		INc-II-7 利用適當的工具觀察不同大小、距離位置的物體。	太空望遠鏡：P98-100 電波望遠鏡：P101
自然界的現象、規律及作用	改變與穩定（INd）	INd-II-2 物質或自然現象的改變情形可以運用測量的工具和方法得知。	太空望遠鏡：P98-100 電波望遠鏡：P101
		INd-II-3 生物從出生、成長到死亡有一定的壽命，透過生殖繁衍下一代。	生命：P19
	交互作用（INe）	INe-II-6 光線以直線前進，反射時有一定的方向。	月球：P22
		INe-II-7 磁鐵具有兩極，同極相斥，異極相吸；磁鐵會吸引含鐵的物體。磁力強弱可由吸起含鐵物質數量多寡得知。	磁性托盤：P104
		INe-II-10 動物的感覺器官接受外界刺激會引起生理和行為反應。	太空中的人體反應：P104-105
		INe-II-11 環境的變化會影響植物生長。	太空種植實驗：P110
自然界的永續發展	科學與生活（INf）	INf-II-1 日常生活中常見的科技產品。	太空衍生產品：P113-114
		INf-II-2 不同的環境影響人類食物的種類、來源與飲食習慣。	太空食物：P104
		INf-II-5 人類活動對環境造成影響。	太空垃圾：P91
	資源與永續性（INg）	INg-II-3 可利用垃圾減量、資源回收、節約能源等方法來保護環境。	在太空的排泄物：P90 重複使用的火箭筒：P96

國民小學教育階段高年級（5~6年級）

課綱主題	跨科概念	能力指標編碼及主要內容		本書對應內容
自然界的組成與特性	物質與能量（INa）	INa-III-1	物質是由微小的粒子所組成，而且粒子不斷的運動。	中子星：P53 宇宙誕生：P63
		INa-III-2	物質各有不同性質，有些性質會隨溫度而改變。	適居帶：P19
		INa-III-5	不同形式的能量可以相互轉換，但總量不變。	核融合：P12
		INa-III-8	熱由高溫處往低溫處傳播，傳播的方式有傳導、對流和輻射，生活中可運用不同的方法保溫與散熱。	太陽構造分層：P12-13
	構造與功能（INb）	INb-III-6	動物的形態特徵與行為相關，動物身體的構造不同，有不同的運動方式。	水熊蟲：P108
	系統與尺度（INc）	INc-III-1	生活及探究中常用的測量工具和方法。	空望遠鏡：P98-100 電波望遠鏡：P101
		INc-III-2	自然界或生活中有趣的最大或最小的事物（量），事物大小宜用適當的單位來表示。	坑洞大小：P16 太陽系最大的火山：P26 光年：P14-15
		INc-III-5	力的大小可由物體的形變或運動狀態的改變程度得知。	中子星重力：P53
		INc-III-6	運用時間與距離可描述物體的速度與速度的變化。	水星速度：P16｜小行星速度：P28｜航海家1號速度：P42｜太空站繞行地球速度：P86｜太空梭繞行地球速度：P97
		INc-III-10	地球是由空氣、陸地、海洋及生存於其中的生物所組成的。	地球：P18
		INc-III-14	四季星空會有所不同。	星空觀察：P54-56
		INc-III-15	除了地球外，還有其他行星環繞著太陽運行。	太陽系：P5-41
自然界的現象、規律及作用	改變與穩定（INd）	INd-III-2	人類可以控制各種因素來影響物質或自然現象的改變，改變前後的差異可以被觀察，改變的快慢可以被測量與了解。	月球上的物體掉落實驗：P23｜水熊蟲實驗：P108｜太空種植實驗：P110
		INd-III-3	地球上的物體（含生物和非生物）均會受地球引力的作用，地球對物體的引力就是物體的重量。	地球的重力：P10｜火箭：P68｜太空排泄物：P90
		INd-III-5	生物體接受環境刺激會產生適當的反應，並自動調節生理作用以維持恆定。	水熊蟲：P108
	交互作用（INe）	INe-III-8	光會有折射現象，放大鏡可聚光和成像。	太空望遠鏡原理：P100
		INe-III-9	地球有磁場，會使指北針指向固定方向。	地球磁場：P18、21
		INe-III-12	生物的分布和習性，會受環境因素的影響；環境改變也會影響生存於其中的生物種類。	水熊蟲：P108
自然界的永續發展	科學與生活（INf）	INf-III-1	世界與本地不同性別科學家的事蹟與貢獻。	發現矮行星：P40｜火箭進展歷程：P68-73、112、115｜知名太空人：P78-81｜趣味太空事蹟：P106-107｜太空人沃利：P117
		INf-III-2	科技在生活中的應用與對環境與人體的影響。	人造衛星：P74｜阿波羅任務：P82-83｜月球車：P85｜太空站：P86-89、115｜太空探測器：P92-95｜太空梭：P97｜太空望遠鏡：P98-100｜電波望遠鏡：P101｜太空裝：P109、115｜太空衍生產品：P113-114
		INf-III-4	人類日常生活中所依賴的經濟動植物及栽培養殖的方法。	太空種植實驗：P110

國民中學教育階段（7～9）年級

課綱主題	跨科概念	能力指標編碼及主要內容	本書對應內容
物質的組成與特性（A）	物質的形態、性質及分類（Ab）	Ab-IV-1 物質的粒子模型與物質三態。	中子星：P53｜宇宙誕生：P63
		Ab-IV-2 溫度會影響物質的狀態。	地球在適居帶：P19
能量的形式、轉換及流動（B）	能量的形式與轉換（Ba）	Ba-IV-1 能量有不同形式，例如：動能、熱能、光能、電能、化學能等，而且彼此之間可以轉換。孤立系統的總能量會維持定值。	核融合：P12 暗能量：P64
	溫度與熱量（Bb）	Bb-IV-4 熱的傳播方式包含傳導、對流與輻射。	太陽構造分層：P12-13
	生態系中能量的流動與轉換（Bd）	Bd-IV-3 生態系中，生產者、消費者和分解者共同促成能量的流轉和物質的循環。	太空種植實驗：P110
物質的結構與功能（C）	物質的結構與功能（Cb）	Cb-IV-1 分子與原子。	核融合：P12
生物體的構造與功能（D）	動植物體的構造與功能（Db）	Db-IV-1 動物體（以人體為例）經由攝食、消化、吸收獲得所需的養分。	太空中的胃：P104
		Db-IV-5 動植物體適應環境的構造常成為人類發展各種精密儀器的參考。	水熊蟲太空實驗：P108
	生物體內的恆定性與調節（Dc）	Dc-IV-4 人體會藉由各系統的協調，使體內所含的物質以及各種狀態能維持在一定範圍內。	太空中的人體反應：P104-105
		Dc-IV-5 生物體能覺察外界環境變化、採取適當的反應以使體內環境維持恆定，這些現象能以觀察或改變自變項的方式來探討。	水熊蟲太空實驗：P108
物質系統（E）	自然界的尺度與單位（Ea）	Ea-IV-2 以適當的尺度量測或推估物理量，例如：奈米到光年、毫克到公噸、毫升到立方公尺等。	陽質量：P12 光年：P14-15
	力與運動（Eb）	Eb-IV-1 力能引發物體的移動或轉動。	重力：P10-11 月球上的物體掉落實驗：P23 木星引力與小行星：P29
		Eb-IV-8 距離、時間及方向等概念可用來描述物體的運動。	水星繞行太陽：P16｜冥王星繞行太陽：P40｜航海家1號飛行：P92
	氣體（Ec）	Ec-IV-1 大氣壓力是因為大氣層中空氣的重量所造成。	金星空氣重量：P17
	宇宙與天體（Ed）	Ed-IV-1 星系是組成宇宙的基本單位。	星系：P58-59
		Ed-IV-2 我們所在的星系，稱為銀河系，主要是由恆星所組成；太陽是銀河系的成員之一。	銀河系：P58
地球環境（F）	組成地球的物質（Fa）	Fa-IV-1 地球具有大氣圈、水圈和岩石圈。	地球構造：P18
		Fa-IV-4 大氣可由溫度變化分層。	大氣層：P9
	地球與太空（Fb）	Fb-IV-1 太陽系由太陽和行星組成，行星均繞太陽公轉。	太陽系：P6-7
		Fb-IV-2 類地行星的環境差異極大。	內地行星：P16｜水星：P16｜金星：P17｜地球：P18｜火星：P26
		Fb-IV-3 月球繞地球公轉；日、月、地在同一直線上會發生日月食。	日月食：P25
		Fb-IV-4 月相變化具有規律性。	月相：P22
自然界的現象與交互作用（K）	波動、光及聲音（Ka）	Ka-IV-1 波的特徵，例如：波峰、波谷、波長、頻率、波速、振幅。	光波：P14
		Ka-IV-9 生活中有許多運用光學原理的實例或儀器，例如：透鏡、面鏡、眼睛、眼鏡及顯微鏡等。	太空望遠鏡原理：P100
	萬有引力（Kb）	Kb-IV-1 物體在地球或月球等星體上因為星體的引力作用而具有重量；物體之質量與其重量是不同的物理量。	地球的重力：P10｜月球上的物體掉落實驗：P23
		Kb-IV-2 帶質量的兩物體之間有重力，例如：萬有引力，此力大小與兩物體各自的質量成正比、與物體間距離的平方成反比。	太空中的重力：P11
科學、科技、社會及人文（M）	科學發展的歷史（Mb）	Mb-IV-2 科學史上重要發現的過程，以及不同性別、背景、族群者於其中的貢獻。	發現矮行星：P40｜火箭進展歷程：P68-73、112、115｜知名太空人：P78-81｜太空人沃利：P117
科學、科技、社會及人文（M）	永續發展與資源的利用（Na）	Na-IV-1 利用生物資源會影響生物間相互依存的關係。	太空種植實驗：P110
		Na-IV-5 各種廢棄物對環境的影響，環境的承載能力與處理方法。	太空排泄物：P90｜太空垃圾：P91
		Na-IV-7 為使地球永續發展，可以從減量、回收、再利用、綠能等做起。	重複使用的火箭筒：P96
	能源的開發與利用（Nc）	Nc-IV-4 新興能源的開發，例如：風能、太陽能、核融合發電、汽電共生、生質能、燃料電池等。	月球土壤：P24 葡萄籽油：P110
		Nc-IV-5 新興能源的科技，例如：油電混合動力車、太陽能飛機等。	太陽能板的應用：P86、98、116

【爆笑萌科學3】

不可思議的星空宇宙：

太空蜘蛛、彗星捕手、黑洞義大利麵……可愛角色帶你從太陽系飛向外太空，發現宇宙大奧祕

A Day in the Life of an Astronaut, Mars and the Distant Stars: Space as You've Never Seen it Before

作　　　者　麥可・巴菲爾德（Mike Barfield）
繪　　　者　潔斯・布萊德利（Jess Bradley）
譯　　　者　何修瑜
封面設計　巫麗雪
內頁構成　高巧怡
課綱對應表整理　小漫遊編輯室
行銷企劃　劉旂佑
行銷統籌　駱漢琦
業務發行　邱紹溢
營運顧問　郭其彬
童書顧問　張文婷
第四編輯室 副總編輯　張貝雯

出　　　版　小漫遊文化／漫遊者文化事業股份有限公司
地　　　址　台北市103大同區重慶北路二段88號2樓之6
電　　　話　(02) 2715-2022
傳　　　真　(02) 2715-2021
服務信箱　service@azothbooks.com
網路書店　www.azothbooks.com
臉　　　書　www.facebook.com/azothbooks.read

服務平台　大雁出版基地
地　　　址　新北市231新店區北新路三段207-3號5樓
書店經銷　聯寶國際文化事業有限公司
電　　　話　(02)2695-4083
訂單傳真　(02)2695-4087
初版一刷　2024年2月
定　　　價　台幣350元（平裝）

ISBN　978-626-98209-4-8

國家圖書館出版品預行編目(CIP)資料

不可思議的星空宇宙：太空蜘蛛、彗星捕手、黑洞義大利麵.....可愛角色帶你從太陽系飛向外太空,發現宇宙大奧祕/麥可.巴菲爾德(Mike Barfield), 潔斯.布萊德利(Jess Bradley)著；何修瑜譯. -- 初版. -- 臺北市：小漫遊文化, 漫遊者文化事業股份有限公司, 2024.02
面；　公分. -- (爆笑萌科學；3)
譯自：A Day in the Life of an Astronaut, Mars and the Distant Stars: Space as You've Never Seen it Before
ISBN 978-626-98209-4-8(平裝)
1.CST: 太空科學 2.CST: 宇宙 3.CST: 漫畫
326　　112022291